Jayadipkumar Talaviya
Iteshkumar Kapadiya
Jinesh Dhingani

GESTÃO DO CHILLI (Capsicum annum L.) WILT [Fusarium solani]

Jayadipkumar Talaviya
Iteshkumar Kapadiya
Jinesh Dhingani

GESTÃO DO CHILLI (Capsicum annum L.) WILT [Fusarium solani]

ScienciaScripts

Imprint
Any brand names and product names mentioned in this book are subject to trademark, brand or patent protection and are trademarks or registered trademarks of their respective holders. The use of brand names, product names, common names, trade names, product descriptions etc. even without a particular marking in this work is in no way to be construed to mean that such names may be regarded as unrestricted in respect of trademark and brand protection legislation and could thus be used by anyone.

Cover image: www.ingimage.com

This book is a translation from the original published under ISBN 978-3-659-61624-2.

Publisher:
Sciencia Scripts
is a trademark of
Dodo Books Indian Ocean Ltd. and OmniScriptum S.R.L publishing group

120 High Road, East Finchley, London, N2 9ED, United Kingdom
Str. Armeneasca 28/1, office 1, Chisinau MD-2012, Republic of Moldova, Europe
Printed at: see last page
ISBN: 978-613-9-90272-9

ÍNDICE DE CONTEÚDOS

RECONHECIMENTO

Gostaria de expressar os meus sinceros agradecimentos ao meu carinhoso professor e honrado orientador, Dr. B. HChovatiya, Professor Associado, Departamento de Fitopatologia, Junagadh (Universidade Agrícola, Junagadh), pelos seus conselhos, atenção incansável, orientação valiosa, encorajamento gentil e críticas construtivas ao longo de toda a investigação.

Os meus sinceros agradecimentos ao Dr. N. C. Patel, Vice-Chanceler da Universidade Agrícola de Junagadh, ao Dr. A. V. Barad, Diretor da Escola Superior de Agricultura de Junagadh e ao Dr. K B. Jadeja, Professor e Diretor do Departamento de Patologia Vegetal da Escola Superior de Agricultura de Junagadh, por terem proporcionado todas as facilidades necessárias durante a realização deste trabalho de investigação.

O meu agradecimento vai também para os membros do meu comité consultivo, Dr. L. F.

Akbari, investigador assistente (Pl. Pathology), Dr. V.N. Patel, investigador (Entomology) TarghadiafRajkot), Dr. S. L Varmora, Professor Associado (JAgril. Stat.) pela sua ajuda atempada e valiosas sugestões durante todo o período do meu estudo.

Estou especialmente grato aos membros do pessoal do Departamento de Patologia Vegetal, Dr. P. K Patel, Dr. K B. Rakholia, Dr. N. J. Mayani, Shri S. B. Patel, Shri Rakesh Borichaniya, Shri Rakesh Johil pelo seu espírito imitável de cooperação em várias fases da investigação.

Estou grato a todos os membros da biblioteca pela sua cooperação durante a minha pesquisa de referências. Gostaria de registar os meus sinceros agradecimentos aos meus colegas: Dharmesh, Chirag, Korat, Rutish, Vipul Rasi'k, Sharma, Hites!, Jignesh.

Por último, mas não menos importante, exprimo o meu profundo apreço e a minha sincera dívida para com os meus pais, a minha irmã Mayuri e Jalpa, o meu irmão 'ardik, Jaldip e outros familiares pela sua contínua inspiração. Local:

Dhari

(J.R.Talaviya)

RESUMO

A malagueta *(Capsicum annum* L.) é uma das mais importantes culturas hortícolas cultivadas na Índia devido ao valor dos seus frutos no fabrico de especiarias e condimentos. Durante o estudo, a cultura da malagueta foi moderada a gravemente afetada pela murchidão em Gondal taluka, no distrito de Rajkot. Tendo em conta a gravidade da doença, a presente investigação foi realizada para encontrar medidas de controlo adequadas para minimizar as perdas da cultura.

A murchidão do pimentão produziu vários tipos de sintomas em condições de vaso e de campo. As folhas tornaram-se amarelas e perderam a sua turgescência. A região do colo da planta estava seca e tornava-se castanha. Quando as raízes dessas plantas infectadas foram divididas verticalmente da região do colo para baixo, o sistema vascular mostrou uma descoloração acastanhada. O isolamento repetido de plantas infectadas revelou a associação de *Fusarium sp.* que foi identificado como *Fusarium solani* (I.T.C.C. No.-8181.11). A patogenicidade foi comprovada com sucesso pelo método de inoculação no solo.

Na triagem laboratorial, os fungicidas sistémicos carbendazim e tiofanato metílico foram bastante eficazes na inibição do crescimento radial de *F. solani* e deram 97,81 e 84,45 por cento de inibição, respetivamente. Entre os fungicidas não sistémicos, o tirame, seguido do clorotalonil, revelou-se o mais eficaz na supressão do crescimento de *F. solani*, com uma inibição de 67,78 e 62,79%, respetivamente. Em produtos combinados de fungicidas, carbendazim 50 wp + chlorothalonil 75 wp, carbendazim 50 wp + mancozeb 75 e carbendazim 50 wp + thiram 75 wp foram os mais eficazes e deram uma inibição de cento por cento dos fungos testados.

O resultado do extrato orgânico avaliado contra *F.solani* revelou que o extrato de bolo de mostarda foi altamente inibidor do crescimento fúngico seguido pelo bolo de neem e deu 65,94 e 56,29 por cento de inibição, respetivamente. Entre os antagonistas fúngicos, *T. viride* foi o mais eficaz na inibição do crescimento do fungo testado. O segundo melhor foi *T. harzianum-* I, seguido por *T. harzianum-* II, *T. harzianum-* III, *T. hamatum* e *T. virens*.

Entre os sete fitoextratos testados, a inibição máxima do crescimento foi observada nos dentes de alho (40,62%) e nas folhas de nim (34,33%) a uma concentração de 10%. O efeito de agentes de biocontrolo e fungicidas na murchidão da malagueta causada por *F. solani* foi avaliado em condições de vaso. A maior redução na incidência da doença e nas plantas mortas foi registada no tratamento com *T. viride*. Foi igual ao carbendazim.

O Chiili *(Capsicum annum* L.) é uma das mais importantes culturas de especiarias cultivadas na Índia pelo valor dos seus frutos no fabrico de especiarias e condimentos. É popularmente conhecido como "Mirchi". O género *Capsicum* da família *Solanaceae* inclui muitos tipos cultivados, como o pimento de jardim, o pimento de salada, o pimentão, os pimentos, o pimentão-doce, etc. A malagueta de frutos pequenos é utilizada para pungências, enquanto a de frutos grandes é utilizada no mercado fresco e a malagueta parica é utilizada para desidratação (Arya e Saini, 1997).

A malagueta cultivada é de origem sul-americana. Na Índia, os portugueses introduziram a malagueta durante o século XVIIth através de Goa (Rai e Yadav, 2005).

A malagueta é extremamente utilizada como especiaria na cozinha indiana. A popularidade da malagueta está associada à sua pungência, que se deve aos "capsacinóides" que são exclusivos do género *Capsicum* (Paul, 1999). A cor verde deve-se principalmente ao pigmento clorofila, enquanto a cor vermelha brilhante na fase de maturação se deve ao pigmento "Capsantina". A capsaicina, o princípio ativo da malagueta, é um contra-irritante eficaz e, por conseguinte, os extractos de malagueta são utilizados em medicamentos como um poderoso estimulante e carminativo. A capsaicina extraída é utilizada em bálsamos para a dor, cosméticos e medicamentos relacionados com doenças cardíacas. É um ingrediente importante para aromatizar carne, sopas de legumes e carnes processadas. A malagueta é uma fonte rica em vitamina A e C, para além das suas utilizações medicinais. A capsantina, um pigmento da malagueta utilizado para a coloração natural de compotas, geleias e abóboras, uma vez que é um pigmento natural e não tem efeitos nocivos ou secundários para a saúde humana.

A tintura e a essência de capsicum são utilizadas para aumentar a pungência do tabaco de mascar e de fumar, da soda de gengibre, do rum, etc. (Liverssege, 1932).

A malagueta é normalmente utilizada na fase verde, como legumes, guisados e saladas, por vezes conservada em salmoura. Quando a malagueta é ingerida com alimentos, estimula o nosso paladar e, por conseguinte, aumenta o fluxo de saliva que contém as enzimas amilase que, por sua vez, ajudam na digestão de alimentos ricos em amido ou cereais, etc., no açúcar facilmente assimilável, nomeadamente a glucose.

A malagueta tem um valor nutricional muito elevado. De acordo com Joshi e Singh (1975), 100 g de parte comestível da malagueta contém 92,4 por cento de água, 1,2 g de proteínas, 0,8 g de gordura, 10 g de hidratos de carbono, 2,6 g de fibra, 11 mg de cálcio, 61 mg de fósforo, 2 cal de energia e uma fonte rica de vitaminas como o caroteno 870 U.I., 175 mg de ácido ascórbico, 0,03 mg de riboflavina e 0,55 mg de niacina.

A Índia é um dos principais países produtores e exportadores de produtos de malagueta para Abu Dhabi, Austrália, Canadá, Japão, Reino Unido e EUA. A cultura é cultivada em toda a Índia, ocupando 7,57 lakh ha com uma produção anual de 12,34 lakh toneladas (Anon., 2006a). Tamilnadu, Andhra Pradesh, West Benagal, Maharastra e Gujarat são os principais estados de cultivo de malagueta. Em Gujarat, a área cultivada com malagueta é de 64 000 ha, com uma produção anual de cerca de 57 000 toneladas (Anon., 2006b). É cultivada principalmente nos distritos de Anand, Junagadh, Kheda, Himmmatnagar, Surat, Rajkot, Navasari e Gandhinagar.

A malagueta é geralmente cultivada durante todo o ano. A cultura é vulnerável a muitas pragas devido à sua extrema delicadeza e suculência. Numerosos grupos de fungos, bactérias e vírus invadem frequentemente a cultura da malagueta, causando perdas económicas consideráveis. A malagueta é também atacada por muitas doenças, desde a germinação das sementes até à sua produção e maturação. É atacada por mais de 50 agentes patogénicos de várias categorias, nomeadamente fungos, bactérias, nemátodos e vírus, o que resulta em perdas substanciais de rendimento.

As plantas de malagueta estão sujeitas a várias doenças fúngicas causadas por muitos fungos parasitas que podem aparecer no solo, no colo das plantas jovens, nas folhas e nos frutos, etc. As doenças fúngicas viz, Fusarium wilt *[Fusarium oxysporum* Schlecht. f. sp. *capsici* ou *Fusarium solani]*, Alternaria leaf spot and fruit rot

[Alternaria alternata Fr. Keissler], Anthracnose or ripe fruit rot *[Colletotrichum capsici* (Syd.) Butler and Bisby], míldio *[Pythium aphanidermatum* (Eds.) Fitzp.], podridão do colo ou podridão do caule *[Sclerotium rolfsii* Sacc.], oídio *[Leveillula taurica* (Lev.)Arn.], Phytopthora leaf blight e podridão dos frutos *[Phytopthora capsici* Leon.] Cercospora leaf spot *[Cercospora capsici* Heald & Wolf], bolor cinzento *[Botrytis cinerea* Pers. ex Fr.], Choanephora blight ou Bud rot *[Choanephora cucurbirtarum* Berk. & Rav.], Verticillium wilt *[Verticillium albo-atrum* Reinke & Berthold], doenças bacterianas viz, Mancha bacteriana das folhas *[Xanthomonas campestris* pv. *vesicatoria* (Doidge) Dye], podridão mole *[Erwinia carotovora* sub sp. *carotovora* Jones] e murchidão bacteriana *[Ralstonia solancerum* (Smith)]; doenças virais viz., mosaico [Cucumber mosaic virus] e enrolamento das folhas [Tobacco leaf curl virus], etc. (Verma e Sharma. 1999).

A cultura é severamente afetada pela murcha de Fusarium. No distrito de Rajkot, em muitas aldeias de Gondal taluka, a cultura foi moderada a severamente afetada pela murcha de Fusarium. Gonzalez et al (2004) observaram que *Fusarium* sp. causava a murchidão e registaram uma perda de 70 por cento da colheita de *Capsicum annum*. A doença é caracterizada pela murcha das folhas, pontas, perda de turgescência seguida de amarelecimento e queda das folhas. Os caules subterrâneos tornam-se secos, castanhos e a epiderme descamativa. As raízes tornam-se moles, aquosas e observa-se também o escurecimento do feixe vascular (Gangopadhyay, 1984; Luckacs e Szarka, 1988). Por conseguinte, é necessário estudar a eficácia de produtos químicos e não químicos *in vitro*, o que pode fornecer novas informações sobre a sua gestão. No futuro, esta informação pode ser utilizada para uma gestão ecológica da doença. Para isso, foram realizados os seguintes objectivos para gerir a doença.

Objectivos:

1. Isolamento e purificação do fungo.
2. Patogenicidade e sintomatologia da murcha de Fusarium da malagueta.
3. Avaliação de produtos sistémicos, não sistémicos e de produtos combinados de diferentes fungicidas contra *F. solani in vitro*.

4. Avaliação de extractos orgânicos e fitoextratos contra *F. solani in vitro.*

5. Avaliação de agentes de biocontrolo contra *F. solani in vitro.*

6. Avaliação de agentes de bio-controlo e fungicidas contra *F. solani* em condições de vaso.

As doenças das plantas são um dos principais condicionalismos da produção vegetal, resultando em perdas drásticas ao reduzir a qualidade e a quantidade do rendimento. Foram registadas mais de 26 doenças na malagueta em várias fases de crescimento da cultura. Há 12 fúngicas, 2 bacterianas e 12 de origem viral. Entre elas, a murchidão de Fusarium é muito importante, causando graves perdas de rendimento. A murchidão da malagueta *(Capsicum annum* L.) causada por *Fusarium solani* (Mart. Sacc) foi comunicada por alguns investigadores da Índia e do estrangeiro, constituindo uma séria ameaça à sua cultura comercial.

A doença da murchidão da malagueta foi observada pela primeira vez no Novo México em 1908. Mais tarde, foi registada na maioria dos estados do sul da América, no norte do Colorado e em Nova Jersey. Booth (1971) observou que *Fusarium solani* estava associado à malagueta em todos os casos. Também foi observado na Europa (Shref e Macnab, 1986). Na Índia, Govindswami (1964) registou a presença *de Fusarium solani* na malagueta em Madras. Butani (1976) registou a doença da murchidão da malagueta causada por *Fusarium* sp.

Isolamento

Govindswami (1964) isolou *F. solani* de plantas murchas de malagueta. *Fusarium* sp., *Rhizoctonia* sp. e *Pythium* sp. foram isolados de plântulas doentes de malagueta (Sahni *et al.* 1967). Vidhyasekaran e Thiagarajan (1981) isolaram *Fusarium oxysporum* de sementes *de Capsicum annum*.

Hasmi (1989), ao estudar amostras de sementes de malagueta colhidas em 30 países relativamente à micoflora das sementes, referiu que *Fusarium solani* e *Fusarium oxysporum* eram responsáveis pela podridão das sementes e pela murchidão das plântulas de pimento. Mushtaq e Hashmi (1997) isolaram *Fusarium solani* de raízes, caules, folhas e sementes de plantas de pimentão infectadas que apresentavam sintomas de murchidão.

Kelaiya (1998) isolou *F. solani* da malagueta, causando murchidão, em Gujarat. Tosi *et al.* (2000) isolaram consistentemente *Fusarium* sp. da zona do colo da raiz e do caule de plantas de pimento doentes. Perez *et al.* (2002) isolaram *Fusarium* sp. de 29% de plantas *de Capsicum annum* de um total de 110 que apresentavam sintomas de murchidão.

Sintomatologia

As plantas de grama afectadas pela murcha *de Fusarium* tornam-se verde-acinzentadas, passando depois a amarelo-escuro. Por fim, a planta murcha e morre. Os tecidos do xilema da raiz e do caule afectados são geralmente escuros (quase pretos), com a descoloração a estender-se ao tecido medular do caule (Erwin, 1958).

Chupp e Shref (1960) registaram a queda das folhas inferiores, o apodrecimento na base do caule e a murchidão da planta em malaguetas infectadas com *F. oxysporum*. Os rebentos mais jovens morreram mais tarde e tornaram-se castanhos. As raízes também foram invadidas, tornando-se moles e com um aspeto encharcado de água. Choudhary (1967) descreveu os sintomas da murchidão da malagueta causada por *Fusarium* sp. como a murchidão da planta, o enrolamento das folhas para cima e para dentro, que se tornaram amarelas e morreram, primeiro as inferiores e finalmente as superiores.

As plantas de malagueta foram afectadas pela murchidão em todas as fases de crescimento da cultura. A doença caracterizou-se pelo amarelecimento e murchidão da folhagem, começando pelas folhas inferiores. Os caules superiores e subterrâneos secaram e tornaram-se castanhos. Observou-se a descamação da epiderme e as raízes tinham um aspeto encharcado de água. Quando as raízes das plantas infectadas foram abertas verticalmente, Gangopadhyay (1984) e Lukacs e Szarka (1988) observaram uma descoloração castanha escura.

Kelaiya (1998) descreveu os sintomas produzidos por *F. solani* na malagueta. Segundo ele, a infeção por *F. solani* pode aparecer desde a fase de plântula até à fase de maturidade da planta de malagueta. Na fase de plântula, observou-se a queda de folhas e a deterioração da cortical da plântula. No caso das plantas jovens, as folhas tornaram-se amarelas e perderam a sua turgescência. Quando essas plantas foram arrancadas, a região do colo estava seca e tornou-se castanha. Quando a raiz de uma planta afetada foi dividida verticalmente da região do colarinho para baixo, observou-se claramente uma descoloração castanha dos vasos internos do xilema. Na fase de maturidade, observou-se amarelecimento e murchamento da folhagem.

Sharma (1999) descreveu os sintomas da murchidão da malagueta causada por *Fusarium sp.* como um ligeiro amarelecimento da folhagem e murchidão das folhas superiores, seguido de murchidão permanente da planta infetada com descoloração vascular nos caules e raízes inferiores. Tosi *et al.* (2000) registaram sintomas de murchidão do pimento provocados por *Fusarium solani* como murchidão e clorose das folhas, redução do sistema radicular e zona deprimida enegrecida no colarinho; posteriormente, as plantas afectadas murcharam subitamente e morreram.

Patogenicidade

Grewel *et al.* (1974) provaram com sucesso a patogenicidade de *F. solani* em plantas de grama com 90 dias de idade. Plantas de grama foram cultivadas em solo autoclavado e 50 g de cultura de *F. solani* cultivada em meio de farinha de milho e areia foram aplicados a duas polegadas de profundidade ao redor da planta, substituindo o solo.

Paternotte (1987) provou a patogenicidade de *Fusarium solani* que causa a murchidão de *Capsicum annum* mergulhando as raízes numa suspensão de esporos e adicionando a suspensão ao solo à volta da base do caule.

Patel (1987) provou a patogenicidade de *Fusarium solani*, causador da murchidão do quiabeiro, através de três métodos de inoculação: inoculação no solo, inoculação de sementes com solo e método de inoculação no solo doente, e descobriu que a inoculação de sementes com solo era o melhor método para provar a patogenicidade. Liang (1990) relatou que *F. solani* matou 36% das plântulas de malagueta após 30 dias de inoculação no solo.

Kamel *et al.* (2007) isolaram 29 isolados de *F. solani* de plantas de algodão afectadas pela podridão radicular de diferentes partes do Egito. Reproduziram com êxito a doença da podridão radicular no algodão através da inoculação de *F. solani* no solo e registaram que 93% dos isolados têm o mesmo padrão patogénico.

Morfologia de *Fusarium sp.*

Em meios artificiais de ágar, *F. solani* produziu micélio branco-acinzentado com descoloração castanho-azulada do substrato. O fungo produziu macro e microconídios. Os microconídios eram ovais com paredes um pouco mais espessas e mediam 8-16 pm x 2-4 pm. Os macroconídios desenvolveram-se após 4 a 7 dias, inicialmente a partir de conidióforos simples, mas depois a partir de conidióforos curtos e ramificados. Os conídios eram 1-5 septados, fusiformes e curvados na ponta e mediam 35-55 pm x 4-6 pm. Os clamidósporos eram terminais ou intercalares e formaram-se após 7-14 dias. Eram globosos a ovais, de paredes lisas e tinham um tamanho de 9-12 pm x 8-10 pm (Booth, 1971).

Singh e Khare (1977) referiram que o fungo *Fusarium solani*, causador da murchidão da cabaça pontiaguda, produzia micro e macroconídios, bem como clamidósporos intercalares em cultura. Os microconídios eram hialinos, unicelulares; rectos, medindo 4,5-12,0 x 2,6 pm e os macroconídios tinham paredes espessas, curvas e arredondadas na ponta, com 1-6 septos, medindo 15,85-17,13 x 3,5-5,5 pm, enquanto os clamidósporos formavam intercalares medindo 5,5-12 pm de diâmetro.

Kore e Mashalkar (1987) relataram que *Fusarium solani*, o agente causal da podridão radicular da sapota, produz microconídios unicelulares, ovais e oblongos e hialinos, medindo 9,98-13,64 x 2,52-3,54 a 11,59 x 14,9 pm de tamanho. Os macroconídios são curvos e estreitos em direção às extremidades, pedicilados na ponta e medindo 33,43-51,3 x 3,52-4,2 a 71,4-88-97 x 6,56-6,94 pm, enquanto os clamidósporos são produzidos raramente, intercalares, com 1-2 células em aglomerados em hifas medindo 9,2-21,4 x 10,5-25,6 pm.

De acordo com Pandav (2002), *F. solani,* o agente causal da murchidão do feijão-caupi, produz microconídios hialinos, elípticos, unicelulares, medindo 9,64-16,67 x 3,62-4,82 pm, macroconídios variando de fusiformes a quase rectos com extremidades arredondadas ou pontiagudas, hialinos, medindo 24.10-45.97 x 3.6-4.82 gm com 1-4 septos enquanto os clamidósporos foram produzidos abundantemente em cultura envelhecida que eram esféricos a globosos, com paredes ásperas, acastanhados claros, terminais e intercalares medindo de 9.6412.05 gm de diâmetro.

Vettraino *et al.* (2009) referiram que a colónia micelial branca, os microconídios, os macroconídios septados e os clamidósporos são produzidos individualmente e aos pares por *Fusarium solani*, causando a murchidão de *Olea europaea* no Nepal.

Avaliação de fungicidas sistémicos e não sistémicos contra *Fusarium sp.*

Gaikwad e Sen (1987) referiram que o carbendazim [Bavistin] e o tiofanato-metilo (Cercobin) foram os fungicidas mais eficazes na inibição da germinação de esporos e do crescimento de *F. oxysporum in vitro* e da murchidão *in vivo*.

Singh *et al.* (1996) referiram que, num teste fungicida contra *Fusarium* spp. da cebola, o tirame foi o mais eficaz na inibição do crescimento micelial. Kelaiya (1998) registou que o carbendazime foi o mais eficaz, seguido do tridemorfe, contra *F. solani*. Parvu *et al.* (1999-2000) testaram a ação *in vitro* de fungicidas sistémicos benomil (Benlate 50 WP), carbendazim (Derosal 50 WP) e tiofanato-metilo (Topsin 70 PU) contra *F. oxysporum* isolado de *Cereus* spp. Todos estes fungicidas foram eficazes contra o fungo estudado a uma concentração de 1000 ppm.

Singh *et al.* (2000) testaram a eficácia de seis fungicidas contra *F. solani in vitro*. Os fungicidas testados foram o tiofanato-metilo, o oxicloreto de cobre, o captan, o carbendazim, o hexaconazol e o mancozebe. Todos os fungicidas inibiram o crescimento dos fungos até 7 dias de incubação. O oxicloreto de cobre e a captana tiveram uma ação fungistática, enquanto os outros tratamentos foram fungicidas.

Os fungicidas sistémicos, como o carbendazim, o tridemorfe e o tiofanato-metilo, nas suas concentrações graduais, e os fungicidas não sistémicos, o tirame seguido do zirame, foram eficazes na inibição do crescimento e da esporulação de *F. solani*, causador da podridão radicular do algodão (Patil *et al.* 2001).

Dayaram *et al.* (2004) estudaram o efeito dos fungicidas Bavistin [carbendazim], Blitox [oxicloreto de cobre] e Indofil M-45 [mancozeb], tiofanato-metilo contra a murcha de shisham (Dalbergia sissoo) causada por *Fusarium solani* f.sp. *dalbergiae* (Fsd). Descobriram que o Bavistin inibiu completamente o crescimento fúngico a 100, 300 e 500 ppm, enquanto o Blitox 50 e o Indofil M-45 foram menos eficazes a estas concentrações.

Bhaskar *et al.* (2005) avaliaram quatro fungicidas com diferentes concentrações, entre os quais o mancozebe a 2500 ppm e o oxicloreto de cobre (COC) a 3000 ppm se revelaram muito eficazes contra *Fusarium solani*.

Naik *et al.* (2007) investigaram a murchidão da malagueta causada por *F. solani*. Para a controlar, testaram quatro fungicidas sistémicos e não sistémicos, utilizando a técnica do veneno alimentar. Entre os fungicidas não sistémicos, o captan, o clorotalonil e o mancozebe mostraram uma inibição de 87,9, 43,86 e 42,53 por cento, respetivamente, a 2000 ppm e, no caso dos fungicidas sistémicos, a inibição máxima do fungo foi obtida a 500 e 1000 ppm de concentrações de carbendazim, seguidas de benomil. O tiofanato metílico e o triademifão foram os menos eficazes. Foi registada uma inibição de centésimos por cento do crescimento micelial com carbendazim a 2000 e 3000 ppm, seguido de benomil e tiofanato metílico.

Amipara (2008) registou que os fungicidas sistémicos carbendazim, propiconazole, difenoconazole e tiofanato metílico a 50 ppm inibiram completamente o crescimento de *F. moniliforme* var. *subglutinans* e *F. oxysporum. oxysporum.* Os fungicidas não sistémicos thiram (83,33%), chlorothalonil (71,85%) e mancozeb (49,17%) também foram eficazes a 2000 ppm para suprimir o crescimento de *F. oxysporum*, agente causal da malformação da manga.

Avaliação de produtos combinados de diferentes fungicidas contra *Fusarium sp.*

Sugha *et al.* (1995) avaliaram 12 fungicidas contra *F. oxysporum* f.sp. *ciceri*, causador da murchidão do grão-de-bico, *in vitro,* em condições de estufa e no campo. Verificaram que o carbendazim (50 WP e 25 SD) e o tirame, isoladamente ou em combinação, foram altamente eficazes na inibição do crescimento micelial *in vitro* e reduziram a incidência da murchidão em condições de estufa.

Singh e Jha (2003) avaliaram sete fungicidas, ou seja, tirame, carbendazime (Bavistin), oxicloreto de cobre (Blitox), captana (Captaf), mancozebe + tiofanato-metilo, mancozebe + metalaxil (Ridomil MZ) e kitazina contra a murchidão do grão-de-bico (*F. oxysporum* f.sp. *ciceris) in vitro* (cada um na concentração de 1%) e *in vivo* (como tratamento de sementes, cada um na concentração de 2,5 g/kg de semente, exceto para a kitazina, 1,0 ml/kg), e como irrigação do solo (cada um na concentração de 0,3%) em Pusa, Bihar, Índia. O tirame e o carbendazime revelaram-se os fungicidas mais adequados para inibir o crescimento de *F. oxysporum* f.sp. *ciceri in vitro.*

Poddar *et al.* (2004) avaliaram quatro fungicidas sistémicos, carbendazim, propiconazole, tiofanato-metilo e tebuconazole contra *F. oxysporum* f.sp. *ciceri.* O carbendazim induziu a inibição máxima do crescimento do agente patogénico e apoiou a multiplicação máxima de *Rhizobium ciceri in vitro.*

Amipara (2008) registou que a combinação de fungicidas, *nomeadamente* carbendazim + mancozebe, carbendazim + tirame a 500 ppm, inibiu completamente o crescimento de *F. moniliforme* var. *subglutinans* e *F. oxysporum,* agentes causais da malformação da manga.

Chavan *et al.* (2009) avaliaram os fungicidas sistémicos, o carbendazim e o carbendazim + mancozebe, que proporcionaram uma inibição de percentagem do crescimento micelial em todas as concentrações testadas. O mancozebe a 0,2 e 0,3 por cento registou uma inibição de um por cento, seguido do propinebe a 0,3 por cento de *Fusarium solani* (murcha de Patchouli).

Avaliação do extrato orgânico contra *Fusarium sp.*

Srivastava e Singh (1991) relataram que os danos causados por agentes patogénicos (*F. solani* e *M. incognita)* foram reduzidos (> 40 %) por neem ou bolo de mostarda (5 por cento) em condições de vaso. Harinder Raj e Kapoor (1996) relataram que a torta de amendoim e mostarda a uma concentração de 2 por cento do solo (w/w) foram mais eficazes na redução da população (> 70 %) de *F. oxysporum* f.sp. *lycopersici* e também do índice de doença (> 70 %) em ambas as tortas.

Kelaiya (1998) referiu que o amendoim e o bagaço de mostarda reduziram a incidência da murchidão na malagueta em 26,66 e 46,66 por cento, respetivamente. Ma-Liping *et al.* (2000), num ensaio em vaso em estufa, registaram que o extrato feito de composto de estrume de porco, cavalo e vaca podia controlar a murcha de Fusarium até 88,5, 56,6 e 65,5 por cento, respetivamente, no *pimento.*

Mathur e Gurjar (2002) observaram uma maior inibição dos micélios de *Rhizoctoni solani,* que causa o apodrecimento do caule da malagueta, com o tratamento de bagaço de óleo de mostarda.

Padmodaya (2003) referiu que era necessário um mínimo de 0,1 por cento de bagaço de óleo, 1,5 por cento de folhas secas e FYM e 3 por cento de folhas verdes para obter uma proteção máxima contra a murcha de Fusarium do tomateiro.

Yelmame *et al.* (2010) relataram a murcha da malagueta causada por *Fusarium solani.* Para a gestão de *F. solani,* utilizaram extractos de 10 por cento de diferentes produtos orgânicos de bagaço de nim, bagaço de mostarda, FYM, bagaço de amendoim, estrume de aves, lama de prensa, bagaço de rícino e bagaço de coco através da técnica de alimentos envenenados *in vitro.* O menor crescimento do agente patogénico foi registado nos extractos de bolo de nim, mostrando um excelente efeito inibitório (59,8%) contra *F. solani,* seguido de bolo de mostarda (52,61%), FYM (49,40%), bolo de amendoim (44,80%) e estrume de aves de capoeira (42,29%).

Avaliação de agentes de bio-controlo contra *Fusarium sp.*

Yan *et al.* (1999) descreveram a utilização de *T. harzianum* para controlar *F. oxysporum* que infecta *Capsicum annum.* Sonawane e Pawar (2001) relataram que *T. harzianum* proporcionou uma redução máxima de *F. oxysporum* (murchidão do grão-de-bico) de 73,16% .

Gurjar *et al.* (2004) referiram que *Trichoderma harzianum* e *T. viride* proporcionaram uma gestão eficaz de *Fusarium sp.* no quiabeiro.

Joshi e Raut (2005) provaram que *Trichoderma harzianum* (P), *T. harzianum* (JC), *T. viride* (JC), *T. virens* (GV) e *Pseudomonas fluorescens isolado* Pf1 e Pf2 eram os potenciais antagonistas de *F. solani*. A inibição máxima na área da colónia de *F. solani* foi alcançada devido aos bio-agentes Th (JC) (91,4%), Tv (JC) (82,4%) e Th (P) (78,7%).

Sahi e Khalid (2007) testaram *T. viride, T. harzianum,   T. aureoviride, T. koningii* e *T. pseudokoningii* contra *F. oxysporum,* a causa da doença da murchidão em pimentos doces *(Capsicum annum) in vitro. O T. viride* reduziu ao máximo (62%) o crescimento do fungo, seguido pelo *T. harzianum, T. aureoviride, T. koningii* e *T.pseudokoningii.*

Xiao-Ye *et al.* (2007) testaram 28 *Trichoderma spp.* que foram isolados de 27 amostras de solo recolhidas da rizosfera de 15 culturas diferentes em redor de Changsha (Hunan, China). Experiências em vasos com efeito de estufa mostraram que o efeito de *T. harziaum* no controlo da murchidão das sementes de tomate (*F. moniliforme* [*Gibberella moniliformis*]) era altamente significativo. Os resultados da prevenção e do controlo podem atingir 80%, o que indica um efeito de controlo contínuo e a promoção do crescimento das plantas.

Chakraborty e Chatterjee (2008) testaram cinco espécies de *Trichoderma, T. harzianum, T. viride, T. lignorum, T. hamatum* e *T. reese*, contra *F. solani*, causador da murchidão da berinjela *(Solanum melongena* L.). *T. harzianum* apresentou inibição máxima de crescimento (86,44%).

Avaliação de diferentes fitoextratos contra *Fusarium sp.*

Chauhan (1997) demonstrou que o bolbo de alho tinha um forte efeito inibidor contra *F. solani*, seguido de neem, bolbo de cebola e rizoma de curcuma, enquanto os extractos de lantana, kadvi mehndi e tulsi promoviam o crescimento do patogénio.

Dwivedi e Shukla (2000) testaram extractos de folhas de *Allium sativum* e *Azadirachta indica* na germinação de esporos de *F. solani, F. oxysporum* e *F. equisetti* em condições laboratoriais. Observaram que o extrato de folhas de *Azadirachta indica* a uma concentração de cento por cento inibia completamente a germinação de esporos de *Fusarium spp*.

Mamatha e Ravishankar (2004) testaram cinco extractos de folhas de plantas contra o patogéneo do míldio *da Terminalia catappa* (*F. solani*), onde *a Lantana camara* foi a melhor, seguida de *Azadirachta indica, Acalypha indica* e *Bacopa monnieri*, que se verificou serem igualmente eficazes na inibição do crescimento de *F. solani* a uma concentração de 5 por cento.

Patel e Vala (2004) observaram uma inibição máxima do crescimento de *F. solani*, causador da murchidão do quiabo, pelo extrato de alho não esterilizado *in vitro*. Singh e Chand (2004) relataram que o extrato de folhas de neem inibiu completamente a germinação de esporos de *F. oxysporum* f.sp. *ciceri* que causa a murchidão do grão-de-bico.

Joseph *et al.* (2008) observaram que, entre diferentes extractos, *Azardiachta indica* 20 por cento foi o mais eficaz seguido de *Rheum emodi, Eucalyptus globulus, Artemessia annua* e *Ocimum sanctum* para o controlo da murchidão da brinjal (*Fusarium solani* f. sp. *melongenae*).

Mallesh *et al.* (2008) referiram que 10 por cento de bolbo de alho e extractos de folhas de nim deram a inibição máxima do crescimento micelial de *F. solani* e *Rhizoctonia solani* e que o extrato de folhas de tulsi e de pongâmia foram eficazes contra *F. solani,* agente causal da salva *(Salvia officinalis Linn)*. Obongoya (2010) relatou que o extrato de neem (1mg/1ml) foi mais eficaz contra o fungo Fusarium transmitido pelo solo no feijão comum.

Avaliação de agentes de biocontrolo e fungicidas contra *Fusarium solani* em condições de vaso

Yehia e El-Hassan (1982) verificaram que o tratamento de sementes com fungicidas sistémicos tiabendazol (Teto TBZ), carboxina + tirame (Vitavax 200) e tiofanato-metilo (Topsin M 70) foi eficaz contra o *Fusarium solani* que provoca o apodrecimento radicular da fava.

Kaur e mukhopadhyay (1992) referiram que a aplicação de *T. harzianum* no solo proporcionou um controlo de 53,5 a 85,7% da doença da murchidão do grão-de-bico causada por *F. oxysporum* f.sp. *ciceri* em estufa.

Sharma *et al.* (1993) referiram que o encharcamento do solo com carbendazim 0,1 por cento ou captafol 0,25 por cento, quando os sintomas apareceram, foi altamente eficaz no controlo da murchidão das plântulas da mangueira.

Pandey e Upadhyay (1999) realizaram experiências em estufa para determinar o desempenho comparativo da luta química, biológica e integrada contra a murchidão do feijão-frade causada por *F. udum*. No controlo químico, o carbendazim [Bavistin] foi altamente eficaz, enquanto o *Trichoderma viride* e o *T. harzianum* foram os melhores entre os vários agentes de biocontrolo testados.

Shahida *et al.* (1994) observaram, numa experiência em casa de vegetação, que a infestação do solo com *Fusarium oxysporum* suprimia a infeção em raízes de quiabo e tomate por *F. solani* e *M. phaseolina,* e o efeito supressivo de *F. oxysporum* contra estes agentes patogénicos aumentava na presença de *Trichoderma harzianum* e *T. koningii.*

Charati *et al.* (1998) observaram que as sementes de algodão tratadas com *T. viride* e *T. harzianum* formulados com talco a 2, 4 e 6 g/Kg de sementes deram uma germinação máxima (98%), enquanto a menor incidência de murchidão (14%) foi registada com *T. harzianum* a 6 g/kg de sementes.

Bhaskar *et al.* (2003) referiram que o tratamento com carbendazime resultou na menor incidência da doença e na menor perda de peso da cultura em comparação com oxicloreto de cobre, mancozebe e metalaxil contra *Fusarium solani*, que causa a podridão seca dos cormos em Colocasia.

Mallesh *et al.* (2009) avaliaram sete isolados de *Trichoderma spp.* contra

Fusarium solani. No seu estudo, *T. viride* e *T. virens* foram considerados mais eficazes e exibiram uma inibição máxima do patogénio da podridão radicular da salva. Seguiram-se o *T. harzianum* e o *T. hamatum.*

Recolha de amostras

Foram colhidas no taluka de Gondal plantas de malagueta *(Capsicum annum* L.) naturalmente infectadas que apresentavam os sintomas típicos e bem desenvolvidos de murchidão. As partes das plantas infectadas foram lavadas com água da torneira e, em seguida, imediatamente examinadas ao microscópio composto para detetar a presença do agente patogénico. Posteriormente, o fungo foi colocado em cultura pura em ágar dextrose de batata, utilizando os seguintes métodos.

Artigos de vidro

Todo o material de vidro utilizado no estudo foi fabricado pela Corning. Estes foram limpos por imersão durante uma noite numa solução de ácido crómico a seis por cento, seguida de lavagem com água da torneira, enxaguamento com água destilada e secagem.

Equipamentos

Os equipamentos de laboratório utilizados foram: autoclave, estufa, incubadora, frigorífico, balança eletrónica, microscópio, micrómetro ocular, câmara lúcida, etc.

Esterilização

Todos os meios foram esterilizados a 1,038 kg/cm^2 [15 lbs psi] de pressão de vapor e 121,6^0 C num autoclave durante 15 minutos. Os artigos de vidro foram esterilizados num forno eletrónico de ar quente a 1800 C durante uma hora. Durante o curso do estudo, foram utilizados solo esterilizado e vasos (15 cm de diâmetro). Os vasos foram esterilizados por imersão numa solução de formaldeído a 4% e o solo foi esterilizado por autoclavagem a 1,038 kg/cm^2 [15 lbs psi] durante uma hora, durante três dias consecutivos.

Isolamento

As plantas de malagueta recém-colhidas que apresentavam os sintomas da doença da murchidão foram utilizadas para o isolamento. O isolamento do fungo foi efectuado através da técnica de isolamento de tecidos. Cortaram-se pequenos pedaços de tecido da raiz infetada (3 mm) juntamente com alguns tecidos saudáveis com um bisturi esterilizado e os tecidos cortados foram esterilizados à superfície com uma solução de cloreto de mercúrio a 0,1 por cento durante cerca de 30 a 60 segundos. Em seguida, foram lavados quatro vezes com água destilada esterilizada para remover o excesso de cloreto de mercúrio. Finalmente, foram transferidas para placas de Petri contendo ágar dextrose de batata (PDA) e incubadas a $28 + 1^0$ C. A cultura fúngica resultante foi purificada pelo método da ponta de hifa. A cultura purificada foi mantida armazenando-a sob refrigeração (10°C). Para manter a cultura para estudos posteriores, foram efectuadas transferências periódicas todos os meses. O fungo foi isolado, purificado e submetido a subcultura numa câmara de isolamento com um fluxo laminar.

Identificação

O agente patogénico foi identificado com base em caracteres morfológicos. Os caracteres morfológicos do fungo foram estudados com a ajuda de um microscópio composto (40X). As lâminas do fungo foram preparadas através da coloração de um fungo em crescimento ativo com azul de algodão. Depois de calibrar o microscópio, as medições dos conídios foram efectuadas com a ajuda de micrómetros oculares e de estágio. Com base nos caracteres morfológicos, verificou-se que o fungo causal era uma espécie de *Fusarium*. Contudo, para uma identificação pormenorizada, as culturas purificadas do fungo foram enviadas para o micologista, IARI, Nova Deli.

Preparação do inóculo

O meio de farinha de milho e areia foi utilizado para a preparação do inóculo em massa no laboratório. Foi preparado em frascos de 250 ml, utilizando 35 g de areia fina e 10 g de farinha de milho por frasco, tendo sido adicionados 15 ml de água destilada a cada frasco para humedecer devidamente a mistura. O meio nos frascos foi então esterilizado a 1,036 kg/cm^2 [15 lbs psi] durante uma hora e durante três dias consecutivos. Os frascos foram incubados com um tampão micelial (4 mm) do fungo em estudo. Após 15 dias, o micélio cobriu toda a superfície do meio. Esta cultura foi então utilizada para inoculação posterior.

Patogenicidade

Um conjunto de vasos, constituído por quatro vasos esterilizados, foi preenchido com solo esterilizado de 3 kg/vaso e, em seguida, cinco sementes foram semeadas em cada vaso após esterilização superficial com solução de 0,1% de $Hgcl_2$ durante um minuto. Estes vasos foram considerados como controlo. Da mesma forma, outro conjunto de quatro vasos esterilizados foi preenchido com solo esterilizado 3 kg/vaso. A cultura de *Fusarium solani* preparada em meio de farinha de milho e areia foi misturada no solo na proporção de 1:9 nestes vasos. Foram semeadas cinco sementes de malagueta em cada vaso. A rega foi efectuada como e quando necessário. As plantas foram observadas regularmente quanto ao aparecimento e desenvolvimento de sintomas de doenças. medida que os sintomas da doença apareciam, o fungo era reisolado dessa planta e o fungo reisolado era levado para cultura pura, que era posteriormente comparada com a original.

Sintomatologia

Foram estudados os sintomas da doença da murchidão da malagueta. As plantas de teste inoculadas com *Fusarium solani* e a expressão dos sintomas caraterísticos foram registadas. Também foram registados os sintomas em condições de campo.

Avaliação de fungicidas *in vitro*

Foram testados diferentes fungicidas, *nomeadamente* sistémicos, não sistémicos e combinados (Quadro 3.1, 3.2, 3.3) quanto ao seu efeito no crescimento de *Fusarium solani*, utilizando a técnica do alimento envenenado (Sinclair e Dhingra, 1985). A técnica envolve o cultivo do organismo de teste num meio que contém o produto químico de teste. Em todas as experiências, foi utilizado PDA como meio basal. A quantidade necessária de cada produto químico foi incorporada assepticamente em 100 ml de PDA em frascos de 250 ml no momento de verter as placas de Petri. O meio foi bem agitado para permitir uma dispersão uniforme da substância química e, em seguida, foram vertidos 20 ml de meio em cada placa.

$$PGI = \frac{C - T}{C} \times 100$$

Onde,

IGP = índice percentual de inibição do crescimento

C = área do fungo testado no controlo (mm^2),

T = área do fungo testado no respetivo tratamento (mm)^2

No total, foram testados 19 fungicidas em três grupos: sistémicos, não sistémicos e produtos combinados. Os pormenores dos três grupos e dos diferentes níveis são apresentados nos quadros n°s. 3.1 a 3.3.

Quadro 3.1 . Lista dos diferentes fungicidas sistémicos testados

Sr. No.	Treatment	Concentration in ppm			
		1	2	3	4
1.	Carbendazim 50 wp	50	100	250	500
2.	Thiophanate-methyl 70 wp	50	100	250	500
3.	Carboxin 75 wp	50	100	250	500
4.	Difenoconazole 25 EC	50	100	250	500
5.	Tridemorph 25 EC	50	100	250	500
6.	Hexaconazole 5 EC	50	100	250	500
7.	Tebuconazole 25.9 EC	50	100	250	500
8.	Control				

Quadro 3.2 Lista dos diferentes fungicidas não sistémicos testados

Sr. No.	Treatment	Concentration in ppm			
		1	2	3	4
1.	Mancozeb 75 wp	500	1000	1500	2000
2.	Copper Hydroxide 77wp	500	1000	1500	2000
3.	Thiram 75 wp	500	1000	1500	2000
4.	Chlorothalonil 75 wp	500	1000	1500	2000
5.	Zineb 75 wp	500	1000	1500	2000
6.	Wetable sulphur 80 wp	500	1000	1500	2000
7.	Dinocap 48% EC	500	1000	1500	2000
8.	Control	-	-	-	-

Quadro 3.3 Lista de produtos combinados de diferentes fungicidas testados

Sr. No.	Treatment	Concentration in ppm			
		1	2	3	4
1.	Carbendazim 50 wp + Mancozeb 75 wp	1000	1500	2000	3000
2.	Cymoxanil 8 wp + Mancozeb 64 wp	1000	1500	2000	3000
3.	Carbendazim 12 wp + Mancozeb 63 wp	1000	1500	2000	3000
4.	Carbendazim 50 wp + Thiram 75 wp 1:2	1000	1500	2000	3000
5.	Carbendazim 50 wp + Chlorothalonil 75 wp 1:2	1000	1500	2000	3000
6.	Control	-	-	-	-

Avaliação do extrato orgânico *in vitro*

Os extractos aquosos de diferentes materiais orgânicos foram preparados suspendendo 30 g de cada material orgânico em 150 ml de água destilada estéril num frasco e deixando-os em repouso durante 25 dias.

Os frascos foram agitados em dias alternados para uma mistura completa e a dissolução do conteúdo. Após 25 dias, os frascos foram completamente agitados e o conteúdo foi filtrado através de um pano de musselina de camada dupla e autoclavado a 1,2 kg cm^{-2} pressão durante 20 minutos. Os extractos estéreis foram utilizados para testar o seu efeito inibitório sobre *F. solani in* vitro através da técnica de alimentos envenenados. Os extractos autoclavados foram adicionados individualmente ao meio de ágar dextrose de batata previamente esterilizado, derretido e arrefecido, no momento em que foram colocados em placas de Petri e misturados cuidadosamente. Todas as placas foram incubadas à temperatura ambiente ($28 +2^0$ C) após a colocação de um disco de 4 mm de uma cultura pura de *F. solani* com 10 dias de idade e crescimento ativo. Foram mantidas quatro repetições para cada tratamento. O meio sem extrato orgânico serviu de controlo. Sete dias após a inoculação, o crescimento radial do micélio foi registado e a percentagem de inibição do crescimento fúngico para cada tratamento e concentração foi calculada conforme mencionado no teste de fungicidas.

Quadro 3.4 Lista dos diferentes extractos orgânicos testados

Sr. No.	Name of organic extracts	Concentration (%)		
1	Neem cake	5	10	15
2	FYM	5	10	15
3	Groundnut cake	5	10	15
4	Poultry manure	5	10	15
5	Mustard oil cake	5	10	15
6	Castor cake	5	10	15
7	Control	-	-	-

Avaliação de agentes de controlo biológico *in vitro*

Seis antagonistas *viz., T. harzianum:* I, II, III, *T. hamantum, Trichoderma viride, T. virens* foram testados *in vitro* contra *Fusarium solani* pelo método de cultura dupla (Martyn e Stack, 1990). Todos os isolados de fungos e o agente patogénico foram multiplicados em placas de PDA durante dez dias. Vinte mililitros de PDA foram vertidos assepticamente em cada uma das placas de Petri e deixados a solidificar. Discos miceliais de quatro milímetros de diâmetro de cada antagonista e fungo de teste foram colocados em extremidades opostas das placas de Petri contendo PDA. Cada tratamento foi repetido quatro vezes. As placas foram incubadas a 28 ± 2° C durante cinco dias. Após a incubação, o crescimento do antagonista e do fungo de teste foi medido por medição linear. O índice de antagonismo foi determinado pelas seguintes fórmulas.

$$I = \frac{C - T}{C} \times 100$$

Onde,

I = índice de antagonismo

C = área do fungo testado no controlo (mm)^2

T = área do fungo testado no respetivo tratamento (mm)^2

Avaliação do fitoextrato *in vitro*

Foram utilizadas sete plantas disponíveis localmente para a sua avaliação contra *Fusarium solani*, seguindo o procedimento dado por Ansari (1995) com uma ligeira modificação. Folhas frescas, rizomas ou cravos-da-índia das respectivas plantas, como se mostra no Quadro 3.5, foram primeiro lavados com água da torneira e depois com água esterilizada. Cada amostra foi então homogeneizada em água destilada esterilizada à razão de 1 ml/g de tecidos (1:1 V/W) com um pilão e almofariz e filtrada através de um pano de musselina fino. O filtrado foi centrifugado a 5000 rpm durante 20 minutos e o sobrenadante foi filtrado com um funil sinterizado esterilizado (tamanho de poro 1 -2 microns), que formou a solução padrão de extrato de plantas (100%). Os extractos foram incorporados individualmente no meio PDA a 3, 5 e 10 por cento de concentração em frascos cónicos de 250 ml separadamente e esterilizados a 1,2 kg/cm^2 durante 15 minutos. Estes foram vertidos em petridishes esterilizados de 90 mm, mantendo quatro réplicas para cada concentração de extrato. O PDA sem extractos foi mantido como controlo. Todas as placas de Petri foram inoculadas com um disco de micélio do patógeno de quatro mm e incubadas a 28 ± 2^0 C. Sete dias após a inoculação, o crescimento radial do micélio foi registrado e a porcentagem de inibição do crescimento fúngico para cada tratamento e concentração foi calculada como mencionado no teste de fungicidas.

Quadro 3.5 Lista dos diferentes fitoextratos testados

Sr. No.	Plants	Plant parts used	Concentration (%)		
1	*Allium sativum* (Garlic)	Cloves	3	5	10
2	*Zingiber officinale* Rosc. (Ginger)	Rhizomes	3	5	10
3	*Ocimum sanctum* L. (Tulsi)	Leaves	3	5	10
4	*Allium cepa* L.(Onion)	Bulb	3	5	10
5	*Jathropa curcus* L. (Jatropha)	Leaves	3	5	10
6	*Adhatoda vasica* Ness. (Ardusi)	Leaves	3	5	10
7	*Azadirachta indica* A. Juss. (Neem)	Leaves	3	5	10
8	Control	-	-	-	-

Avaliação de agentes de biocontrolo e fungicidas em condições de vaso

Foi realizado um ensaio em vaso durante a colheita de 2010 na Net House, Department of Plant Pathology, J.A.U., Junagadh, para estudar a eficácia de vários antagonistas e fungicidas no controlo da murchidão da malagueta causada por *F. solani.*

Os antagonistas fúngicos foram multiplicados em meio de farinha de milho e areia (9:1) durante 15 dias. Do mesmo modo, o agente patogénico também foi multiplicado no mesmo meio durante 15 dias (Jha e Jalali, 2006). Os vasos foram preparados utilizando os inóculos do agente patogénico a 30 gm/kg de solo. Cada vaso continha 3 kg de solo doente. Os vasos foram deixados durante 48 horas para estabilização antes do início da experiência. Depois disso, os vasos doentes foram inoculados com os agentes de biocontrolo e fungicidas, de acordo com o tratamento indicado no Quadro 3.6, e também foi mantido um controlo sem tratamento.

Foram mantidas três repetições para cada tratamento e as sementes foram semeadas em cada vaso. Os vasos foram regados diariamente. Após a germinação, foram mantidas 5 plantas/vaso e a observação foi registada 45 dias após a sementeira.

Quadro 3.6 Lista dos diferentes agentes de biocontrolo e fungicidas testados

Sr. No	Treatments	Concentration/Dose Required/kg s< in pot
1	Carboxin 75 wp	500 ppm
2	Carbendazim 50 wp	500 ppm
3	Thiphanate-methyl 70 wp	500 ppm
4	*Trichoderma harzianum*-1	15g
5	*T. hamantum*	15g
6	*T. viride*	15g
7	Control	–

A malagueta *(Capsicum annum* L.) é amplamente cultivada como cultura de especiarias e legumes em Gondal. As doenças são um dos principais obstáculos à produção económica das culturas, pois causam grandes perdas. Foram comunicadas mais de 26 doenças, das quais a murchidão é uma das principais e mais económicas. Foi registada como sendo causada por várias espécies, *nomeadamente Fusarium* sp., *Fusarium solani* e *F. oxysporum.* A murchidão causada por *Fusarium solani* (Mart.) Sacc tornou-se um problema grave nos últimos anos, ameaçando gravemente o êxito e a rentabilidade da cultura da malagueta em Gondal taluka, no distrito de Rajkot. A popular cv. Resam patta foi considerada suscetível à murcha de Fusarium, causando graves perdas de rendimento.

Recolha de amostras e isolamento do agente patogénico

As amostras de plantas de malagueta infectadas foram colhidas nos campos dos agricultores de Gondal taluka e levadas para o laboratório, tendo sido submetidas a um exame microscópico e, em seguida, isoladas através da técnica de isolamento de tecidos, o que deu origem a uma cultura pura de *Fusarium* sp. Esta foi mantida em ágar dextrose de batata (PDA) para investigações posteriores.

Estudo da sintomatologia

A doença foi observada desde as plântulas até à fase de maturidade das plantas de malagueta. Na fase de plântula, observou-se a queda de folhas e a decomposição cortical da plântula. No caso das plantas jovens, as folhas tornaram-se amarelas e perderam a sua turgescência. Quando estas plantas foram arrancadas, a região do colo estava seca e tornou-se castanha. Quando as raízes destas plantas infectadas foram divididas verticalmente da região do colo para baixo, o sistema vascular apresentou uma descoloração acastanhada. A descoloração vascular do caule estendia-se a toda a planta. Os vasos do xilema estavam frequentemente bloqueados por aglomerados de hifas que eram claramente visíveis quando se observava ao microscópio uma secção do caule ou da raiz da planta infetada. Na fase de maturidade, observou-se amarelecimento e murchidão da folhagem. Também se observou a desfoliação das folhas antes de toda a planta murchar (placa 1).

Patogenicidade

Para cumprir o postulado de Koch, a natureza patogénica do fungo (*F. solani)* isolado de plantas doentes de malagueta foi estabelecida pelo "método de inoculação no solo", tal como descrito em "Materiais e métodos".

As observações revelaram que as plantas inoculadas foram infectadas com sucesso pelo fungo testado, enquanto as plantas de controlo (sem inoculação) permaneceram saudáveis (placa 2). Os dados apresentados no quadro 4.1 revelaram que 80% das plantas inoculadas foram infectadas pelo agente patogénico, apresentando sintomas típicos de murchidão. As raízes de tais plantas afectadas tinham uma descoloração castanha dos vasos do xilema. O reisolamento do fungo de plantas infectadas deu origem a uma cultura idêntica à utilizada para a inoculação.

Quadro 4.1 Teste de patogenicidade de *Fusarium solani* na malagueta

Inoculation method	Number of plants	Number of wilted plants	Disease per cent
Soil inoculation	10	08	80
Control	10	00	00

Identificação e estudo dos caracteres morfológicos do agente patogénico

Os isolados de *Fusarium* sp. obtidos por isolamento de tecidos de plantas infectadas de malagueta foram purificados pelo método da ponta de hifa. Após a purificação do fungo, foram estudados os caracteres morfológicos e os caracteres do fungo cultivado em PDA para efeitos de identificação, taxonomia e comparação com os mencionados na literatura. A cultura pura foi também enviada para identificação à Indian Type Culture Collection (I.T.C.C.).

Divisão de Patologia Vegetal. I.A.R.I., Nova Deli e foi identificado como *Fusarium solani* (I.T.C.C. No.-8181.11). O fungo também produziu sintomas de murchidão no teste de patogenicidade. Assim, *o Fusarium* sp. em estudo foi identificado e confirmado como *Fusarium solani*.

Caracteres morfológicos

O crescimento do fungo foi rápido e mostrou esporulação em meios artificiais. A morfologia do agente patogénico foi estudada ao microscópio composto binocular (placa 3). O micélio era profusamente ramificado, espraiado, septado, de cor branca a branca suja. A cultura jovem do fungo produziu microconídios e macroconídios em PDA.

Os microconídios eram unicelulares com parede ligeiramente espessa, de forma oval a reniforme, medindo 8,56-15,75 pm x 2,18-3,82 pm. Os macroconídios eram septados em forma de foice com 1-5 septos, hialinos e mediam 21,71-44,20 pm x 3,12-4,50 pm. Os clamidósporos desenvolveram-se em cultura antiga. Eram globosos a ovais e formados terminalmente ou intercalares, medindo de 10,12 a 12,24 pm de diâmetro e formados individualmente ou em cadeia.

Efeito de diferentes fungicidas sistémicos na inibição do crescimento de *F. solani*

A eficácia relativa de sete fungicidas sistémicos diferentes foi testada em concentrações de 50, 100, 250 e 500 ppm. As observações relativas à inibição percentual do crescimento linear são apresentadas no Quadro 4.2 e representadas na Placa 4.

A leitura dos dados torna claro que todos os fungicidas sistémicos foram eficazes e deram mais de 70% de inibição do crescimento do fungo testado a uma concentração de 50 ppm em comparação com o controlo, exceto a carboxina e o tridemorfe que deram apenas 38,88 e 55,55% de inibição, respetivamente. O carbendazim apresentou uma inibição de 100 por cento a uma concentração de 500 ppm e a sua inibição média foi registada em 97,81 por cento. Enquanto 84,45, 81,15, 80,50 por cento das inibições médias foram observadas em tiofanato metílico, hexaconazol e tebuconazol, respetivamente. O difenoconazol, a carboxina e o tridemorfe deram 75,56, 62,55 e 61,11 por cento de inibição média. A inibição do crescimento do fungo aumentou com o aumento das concentrações.

O índice máximo de toxicidade (391,24) foi registado no carbendazime e 337,80 no tiofanato metílico, com base no índice máximo de toxicidade de 400. O menor índice de toxicidade (244,44) foi registado no tridemorfe.

Quadro 4.2 Inibição do crescimento de *F. solani* com diferentes concentrações de vários fungicidas sistémicos após sete dias de incubação a 28 ± 2° C

Fungicide	Concentration (ppm)/ per cent inhibition*				Mean	Toxicity Index[#]
	50	100	250	500		
Carbendazim 50 wp	94.30	97.71	99.22	100.00	97.81	391.24
Thiphanate methyl 70 wp	83.34	84.45	84.45	85.55	84.45	337.80
Carboxin 75 wp	38.88	50.22	77.78	83.34	62.55	250.20
Difenoconazole 25 EC	72.23	74.45	77.78	77.78	75.56	302.24
Tridemorph 25 EC	55.55	61.12	61.12	66.67	61.11	244.44
Hexaconazole 5 EC	77.78	80.30	80.98	85.56	81.15	324.60
Tebuconazole 25.9 EC	77.39	79.22	80.08	85.31	80.50	322.32
Control	0.00	0.00	0.00	0.00	0.00	0.00

	Fungicide (F)	Concentration (C)	F×C
S.Em.±	0.06	0.08	0.17
C.D. at 5%	0.18	0.24	0.48

* Mean of four replications

Índice máximo de toxicidade = 400,00

**Efeito de diferentes fungicidas não sistémicos na inibição do crescimento de
*F. solani***

A eficácia relativa de sete fungicidas não sistémicos diferentes testados em
concentrações de 500, 1000, 1500 e 2000 ppm. As observações relativas à inibição
percentual do crescimento linear são apresentadas no Quadro 4.3 e representadas na
Placa 4.

A eficácia dos diferentes fungicidas para inibir o crescimento do fungo em estudo
foi muito variável. Os fungicidas mais e menos eficazes foram o thiram e o zineb, com
uma inibição média do crescimento de fungos de 67,78 e 12,77 por cento,
respetivamente. O segundo melhor fungicida foi o clorotalonil, que apresentou uma
inibição média de 62,79% nos tratamentos. A inibição do crescimento em dinocap foi
de 60,55 por cento. A concentração mais elevada (2000 ppm) de todos os fungicidas
testados inibiu significativamente o crescimento de fungos do que as concentrações
mais baixas de 500 e 1000 ppm. Thiram e chlorothalonil deram mais de 60 por cento de
inibição do crescimento do fungo testado na concentração mais baixa de 500 ppm.

O índice máximo de toxicidade foi observado no tirame (271,12) seguido do
clortalonil (251,16) com base num índice máximo de toxicidade de 400.

**Efeito de diferentes combinações de produtos fungicidas na inibição do
crescimento de *F. solani***

Os dados sobre a eficácia relativa de cinco combinações diferentes de fungicidas
revelaram que todos os fungicidas foram capazes de inibir o crescimento de *F. solani* a
várias concentrações, em comparação com o controlo. As observações relativas à
percentagem de inibição do crescimento linear são apresentadas no Quadro 4.4 e
representadas na Placa 5.

Quadro 4.3 Inibição do crescimento de *F. solani* com diferentes concentrações de vários fungicidas não sistémicos após sete dias de incubação a 28 ± 2° C

Fungicide	Concentration (ppm)/ per cent inhibition*				Mean	Toxicity Index[#]
	500	1000	1500	2000		
Mancozeb 75 wp	40.50	44.75	50.00	57.00	48.06	192.24
Copper Hydroxide 77wp	5.53	6.67	22.43	28.88	15.87	63.48
Thiram 75 wp	60.02	64.44	72.23	74.45	67.78	271.12
Chlorothalonil 75 wp	60.04	61.13	64.44	65.55	62.79	251.16
Zineb 75 wp	7.76	11.11	13.33	18.88	12.77	51.08
Wetable sulphur 80 wp	5.52	12.23	40.50	48.81	26.76	107.24
Dinocap 48% EC	48.88	61.11	63.33	68.88	60.55	242.2
Control	0.00	0.00	0.00	0.00	0.00	0.00

	Fungicide (F)	Concentration (C)	F×C
S.Em.±	0.07	0.09	0.18
C.D. at 5%	0.19	0.25	0.50

*Média de quatro repetições

\# Índice máximo de toxicidade = 400,00

Os dados apresentados (quadro 4.4) revelaram que o fungicida sistémico carbendazim 50% wp, juntamente com mancozebe, tirame e clorotalonil, provou ser o mais eficaz na inibição do crescimento do fungo testado (100%), mesmo na concentração mais baixa (1000 ppm). Carbendazim 50 wp + chlorothalonil 75 wp, carbendazim 50 wp + mancozeb 75 e carbendazim 50 wp + thiram 75 wp foram as combinações de fungicidas mais eficazes na inibição do crescimento de cêntimos por cento, mesmo à concentração de 1000 ppm. No entanto, o carbendazim 12 wp com mancozeb 63 wp também proporcionou uma boa inibição do fungo (99,51%). A percentagem mínima de inibição (41,34) foi observada no cymoxanil 8 wp + mancozeb 64 wp.

A percentagem de inibição do crescimento correlacionou-se positivamente com o aumento da concentração para todos os produtos químicos testados.

No entanto, com base nos índices de toxicidade, as combinações carbendazime 50 wp + tirame 75 wp, carbendazime 50 wp + tirame 75 wp e carbendazime 50 wp + mancozebe 75 wp revelaram-se significativamente eficazes, com índices de toxicidade máximos de 400.

Também foi registada a pigmentação rosa à volta do disco de inóculo em placas de crescimento inibido. A pigmentação máxima foi registada na combinação carbendazim + clorotalonil.

Tabela 4.4 Inibição do crescimento de *F. solani* em diferentes concentrações de várias combinações de fungicidas após sete dias de incubação a 28 ± 2°C

Fungicide	Concentration (ppm)/ per cent inhibition*				Mean	Toxicity Index[#]
	1000	1500	2000	3000		
Carbendazim 50 wp + Mancozeb 75 wp	100.00	100.00	100.00	100.00	100.00	400
Cymoxanil 8 wp + Mancozeb 64 wp	26.56	37.78	38.81	62.23	41.34	165.36
Carbendazim 12 wp + Mancozeb 63 wp (Saff)	98.06	100.00	100.00	100.00	99.51	398.04
Carbendazim 50 wp + Thiram 75 wp 1:2 (Manual)	100.00	100.00	100.00	100.00	100.00	400
Carbendazim 50 wp + Chlorothalonil 75 wp 1:2 (Manual)	100.00	100.00	100.00	100.00	100.00	400
Control	0.00	0.00	0.00	0.00	0.00	0.00

	Fungicide (F)	Concentration (C)	F×C
S.Em.±	0.19	0.22	0.44
C.D. at 5%	0.55	0.62	1.24

* Média de quatro repetições # Índice máximo de toxicidade = 400,00

Efeito de vários extractos orgânicos no crescimento de *F. solani*

O efeito de seis extractos orgânicos diferentes no crescimento do fungo testado foi avaliado em concentrações de 5, 10 e 15 por cento através da técnica de alimentos envenenados. Foram feitas observações sobre o crescimento em cada tratamento, incluindo o controlo, e a percentagem de inibição foi calculada com base na diferença de crescimento obtida nos respectivos tratamentos e no controlo. Os dados relativos à inibição percentual do crescimento são apresentados na Tabela 4.5 e representados na

Placa 6.

Os resultados apresentados na Tabela 4.5 revelaram que, exceto a FYM, o estrume de aves de capoeira e a torta de rícino, os outros extractos orgânicos deram mais de 25% de inibição do crescimento em todas as concentrações. A inibição média máxima do crescimento foi obtida no extrato de bagaço de óleo de mostarda (65,94%) que foi seguido de perto pelo bagaço de neem (56,29%). Em comparação com estes dois extractos orgânicos, os outros tratamentos mostraram uma inibição inferior que variou entre 37,78% (bagaço de amendoim) e 22,31% (bagaço de rícino), respetivamente. Os extractos de quinze por cento de bagaço de nim (75,56%), bagaço de óleo de mostarda (70,05%) e bagaço de amendoim (55,55%) também foram altamente eficazes. O extrato de cinco por cento de bagaço de óleo de mostarda também foi considerado eficaz e deu 61,12 por cento de inibição do crescimento do fungo testado.

Dentro dos extractos orgânicos, os três níveis de extractos orgânicos diferiram significativamente uns dos outros. A concentração mais elevada de todos os extractos orgânicos proporcionou uma inibição significativamente maior em comparação com o seu nível inferior.

O índice de toxicidade foi mais elevado na torta de óleo de mostarda (197,82%) e mais baixo na torta de rícino (66,93%).

Tabela 4.5 Inibição do crescimento de *F. solani* em diferentes concentrações de extrato orgânico

Organic extract	Concentration (%) / per cent inhibition*			Mean	Toxicity index#
	5%	10%	15%		
Neem cake	37.75	55.56	75.56	56.29	168.87
FYM	13.34	22.24	40.40	25.32	75.96
Groundnut cake	26.66	31.13	55.55	37.78	133.34
Poultry manure	12.23	14.44	44.45	23.71	71.13
Mustard oil cake	61.12	66.66	70.05	65.94	197.82
Castor cake	17.77	18.87	30.28	22.31	66.93
Control	0.00	0.00	0.00	0.00	0.00

	Organic extract (O)	Concentration (C)	O×C
S.Em. ±	0.03	0.04	0.07
C.D. at 5%	0.08	0.12	0.21

*Média de quatro repetições

#Índice máximo de toxicidade = 300,00

Efeito de diferentes agentes de controlo biológico no crescimento de *F. solani*

As acções antagonistas dos seis fungos selecionados contra o fungo testado foram medidas através da técnica de cultura dupla. Com base nas observações do crescimento radial do antagonista e do fungo testado, foi calculada a percentagem de inibição. Os resultados estão expressos no Quadro 4.6 e representados na Placa 7.

Os resultados revelaram que todos os isolados apresentaram resultados impressionantes. Todos os isolados inibiram mais de 50 por cento do crescimento do fungo testado. A redução máxima do agente patogénico (70,00 %) foi observada na presença de *Trichoderma viride* seguida de *T. harzianum*- 1 (66,63 %). O *T. harzianum*-II também foi considerado melhor, com 64,47% de redução do crescimento do patogéneo. *O T. virens* apresentou uma inibição mínima do crescimento.

Efeito de vários fitoextratos no crescimento de *F. solani*

O efeito de sete fitoextratos diferentes no crescimento do fungo testado foi avaliado em concentrações de 3, 5 e 10 por cento através da técnica de alimentos envenenados. Foram feitas observações sobre o crescimento em cada tratamento, incluindo o controlo, e a percentagem de inibição foi calculada com base na diferença de crescimento obtida nos respectivos tratamentos e no controlo. Os dados relativos à inibição percentual do crescimento são apresentados na Tabela 4.7 e representados na Placa 6.

Os resultados apresentados no quadro 4.7 revelaram que a inibição máxima foi obtida com o extrato de dentes de alho (25,39%), seguido de perto pelo extrato de folhas de neem (23,30%). Em comparação com estes dois extractos, os outros tratamentos mostraram uma inibição inferior que variou entre 20,74% (gengibre) e 5,18% (ardusi), respetivamente. Os extractos de dez por cento de dentes de alho (40,62%) e de folhas de neem (34,33%) também foram altamente eficazes. Também se verificou que o tulsi, o ardusi, o gengibre, a jatropha e a cebola tiveram um desempenho fraco em todas as concentrações.

Tabela 4.6 Inibição do crescimento de *F. solani* por diferentes agentes de controlo biológico após sete dias de incubação a 28 ± 2° C

Bio control agent	* Growth reduction(%)
Trichoderma harzianum –I	66.63
T. harzianum –II	64.47
T. harzianum –III	63.42
T. hamatum	58.69
T. viride	70.00
T. virens	55.56
Control	00.00
S. Em. ±	0.24
C. D. at 5 %	0.72

* Média de quatro repetições.

Dentro dos fitoextratos, os três níveis de fitoextratos diferiram significativamente uns dos outros. A concentração mais elevada de todos os fitoextratos deu uma inibição significativamente maior em comparação com o seu nível inferior.

O índice de toxicidade foi mais elevado no alho (76,17 %) e mais baixo no ardusi (15,54 %).

Tabela 4.7 Inibição do crescimento de *F. solani* em diferentes concentrações de hitoextracto

Phytoextract	Concentration (%) / per cent inhibition*			Mean	Toxicity index#
	3%	5%	10%		
Garlic	16.67	18.87	40.62	25.39	76.17
Ginger	11.12	23.34	27.77	20.74	62.22
Tulsi	5.56	8.84	12.23	8.87	26.61
Onion	5.54	8.85	8.87	7.75	23.25
Jetropha	4.46	6.64	11.13	7.41	22.23
Ardusi	3.34	5.54	6.67	5.18	15.54
Neem	13.34	22.22	34.33	23.30	69.90
Control	0.00	0.00	0.00	0.00	0.00

	Phytoextract (P)	Concentration (C)	P×C
S.Em. ±	0.02	0.04	0.07
C.D. at 5%	0.07	0.11	0.19

*Média de quatro repetições

\# Índice máximo de toxicidade = 300,00

Efeito de agentes de biocontrolo e fungicidas na murchidão da malagueta causada por *F. solani* em condições de vaso

Foi realizada uma experiência em vaso para conhecer a eficácia comparativa de antagonistas fúngicos e fungicidas selecionados para o controlo da murchidão da malagueta, tal como descrito em Materiais e Métodos. As observações sobre a incidência da doença e as plantas mortas foram registadas e são apresentadas no Quadro 4.8.

Os resultados apresentados no quadro 4.7 indicam que todos os tratamentos reduziram significativamente a doença em comparação com o controlo. Entre todos os tratamentos, registou-se uma incidência mínima da doença (33,33 %) e plantas mortas

(13,33 %) em *T. viride*. Seguiu-se o carbendazim, que permitiu 40,00 por cento e 20,00 por cento de incidência da doença e plantas mortas, respetivamente. Estes foram estatisticamente iguais. *Trichoderma harzianum-I* apresentou 53,33% e 26,66% de incidência da doença e plantas mortas, respetivamente. Thiphanate methyl permitiu 53,33% e 33,33% de incidência da doença e plantas mortas, respetivamente. A incidência mais elevada de doença (73,33%) e de plantas mortas (53,33%) foi registada na carboxina.

Quadro 4.8 Efeito de agentes de biocontrolo e fungicidas na murchidão da malagueta causada por *F. solani* (em vaso)

Treatments	Diseases incidences* (%)	Disease reduction (%)	Dead plants* (%)	Dead plants reduction (%)
Carboxin 75 wp	73.33 (59.21)	24.89	53.33	33.34
Carbendazim 50 wp	40.00 (39.23)	55.99	20	75
Thiphanate-methyl 70 wp	53.33 (46.92)	43.55	33.33	58.34
Trichoderma harzianum-I	53.33 (46.92)	43.55	26.66	66.66
T.hamantum	60.00 (50.77)	37.33	40	50
T.viride	33.33 (35.01)	62.22	13.33	83.33
Control	93.33 (81.14)	00.00	80.00	00.00
S.Em. ±	4.57			
C.D.at 5%	14.11			

* Média de quatro repetições

Os números entre parênteses são valores transformados em Arscine

A malagueta *(Capsicum annum* L.) é amplamente cultivada como cultura de especiarias e legumes em Gondal. As doenças são um dos principais obstáculos à produção económica das culturas, pois causam grandes perdas. Foram notificadas mais de 26 doenças na malagueta, das quais a murchidão é uma das principais e económicas. Foi registada como sendo causada por várias espécies, *nomeadamente Fusarium* sp., *Fusarium solani* e *F. oxysporum.* A murchidão causada por *Fusarium solani* (Mart.) Sacc. tornou-se um problema grave nos últimos anos, ameaçando gravemente o êxito e a rentabilidade da cultura da malagueta na região de Gondal. A popular cv. Resam patta foi considerada suscetível à murcha de Fusarium, causando graves perdas de rendimento. Gonzalez *et al.* (2004) observaram que *Fusarium* sp. causava murchidão e perda de 70 por cento da colheita em *Capsicum annum.* Considerando a gravidade do problema e a falta de informação científica e sistémica sobre esta doença. A presente investigação foi realizada sobre este importante problema patológico e também para encontrar estratégias de gestão adequadas para evitar perdas de culturas.

Os estudos sistémicos sobre os sintomas da murcha de Fusarium da malagueta revelaram que, na fase de plântula, se observou a queda das folhas e a decomposição cortical das plântulas. No caso das plantas jovens, as folhas tornaram-se amarelas e perderam a sua turgescência. Quando essas plantas foram arrancadas, a região do colo estava seca e tornou-se castanha. Quando as raízes dessas plantas infectadas foram divididas verticalmente da região do colo para baixo, o sistema vascular apresentou uma descoloração acastanhada. A descoloração vascular do caule estendia-se a toda a planta. Na fase de maturidade, observou-se amarelecimento e murchamento da folhagem. A descrição foi, de um modo geral, semelhante à fornecida por trabalhadores anteriores. Kelaiya (1998) descreveu os sintomas produzidos por *F. solani* na malagueta. Chupp e Sherf (1960) descreveram a murcha da malagueta infetada com *F. oxysporum.* Choudhary (1967) descreveu os sintomas da murchidão da malagueta causada por *Fusarium* sp. Sharma (1999) descreveu os sintomas da murchidão da malagueta causada por *Fusarium* sp.

O método de inoculação do solo provou ser bem sucedido no estabelecimento da patogenicidade da murchidão da malagueta causada por *Fusarium* sp. Vários trabalhadores também provaram a patogenicidade de *F. solani* causando a murchidão em diferentes culturas por este método, *nomeadamente,* grama (Grewel *et al.* 1974), quiabo (Patel, 1987), malagueta (Liang, 1990) e algodão (Kamel *et al.* 2007).

As caraterísticas morfológicas revelaram que o micélio era profusamente ramificado, espraiado, septado, de cor branca a branca suja. Os microconídios eram unicelulares, com paredes ligeiramente espessas, de forma oval a reniforme, medindo 8,56-15,75 pm x 2,18-3,82 pm. Os macroconídios eram septados em forma de foice com 1-5 septos, hialinos e mediam 21,7144,20 pm x 3,12-4,50 pm. Os clamidósporos eram globosos a ovais e formados terminal ou intercalarmente, medindo de 10,12 a 12,24 pm de diâmetro e formados individualmente ou em cadeia. Estes estudos sobre os caracteres morfológicos do *Fusarium* sp. isolado mostraram a sua identidade com o *Fusarium solani* descrito por Booth (1971), Singh e Khare (1977), Kore e Mashalkar (1987), Pandav (2002) e Vettraino *et al.* (2009).

Para determinar a eficácia relativa de vários agroquímicos na inibição do crescimento micelial de *F. solani*, foram testados vários fungicidas sistémicos, não sistémicos e produtos combinados de fungicidas em diferentes concentrações, utilizando a técnica de alimentos envenenados.

Foram testados sete fungicidas sistémicos diferentes em concentrações de 50, 100, 250 e 500 ppm. O carbendazim revelou-se o fungicida mais eficaz na inibição do crescimento micelial do agente patogénico testado. Produziu uma inibição de 97,81 por cento juntamente com um índice de toxicidade de 391,24. O tifanato-metilo foi o próximo na ordem de inibição (84,45%). A uma concentração de 500 ppm, o carbendazim e o tifanato-metilo produziram 100,00 e 85,55% de inibição do crescimento, respetivamente. Resultados semelhantes foram obtidos por Dayaram *et al.* (2004) onde o crescimento micelial de *Fusarium solani* foi completamente inibido a

100, 300 e 500 ppm.

Patil *et al.* (2001) referiram que o crescimento micelial de *Fusarium solani* foi eficazmente inibido por carbendazim e tifanato-metilo nas suas concentrações graduais. Gaikwad

e Sen (1987) também referiram que o carbendazime e o tiofanato-metilo inibiam eficazmente o crescimento micelial de *Fusarium* sp. Esta constatação também está em consonância com os resultados de Naik *et al.* (2007), Singh *et al.* (2000), Kelaiya (1998), uma vez que referiram que o carbendazime era mais eficaz na inibição do crescimento de diferentes isolados de *F.solani.* Embora o hexaconazol tenha sido considerado eficaz na inibição do crescimento de outra espécie de *Fusarium* (Singh *et al.,* 2000). O difenoconazol, a carboxina, o tridemorfe e o tebuconazol revelaram-se fungicidas inferiores na inibição do crescimento de *F. solani* nos presentes resultados.

Da mesma forma, foram testados sete fungicidas não sistémicos diferentes nas concentrações de 500, 1000, 1500 e 2000 ppm. Thiram (67,78%) seguido de chlorothalonil (62,79%) foram considerados fungicidas eficazes na inibição do crescimento micelial do agente patogénico testado. Resultados semelhantes foram também obtidos por Patil *et al.* (2001), que referiu que o tirame foi eficaz na inibição do crescimento micelial de *Fusarium solani.* Singh *et al.* (1996) referiram que o tirame era mais eficaz na inibição do crescimento micelial de *Fusarium* sp. Foi observada uma inibição superior a 60% do crescimento do fungo testado com mancozebe e clorotalonil, mesmo a uma concentração de 500 ppm. Naik *et al.* (2007) registaram que o clorotalonil e o mancozebe mostraram uma inibição de 43,86 e 42,53 por cento, respetivamente, a 2000 ppm contra *Fusarium solani* e Amipara (2008) registou que o tirame (83,33%), o clorotalonil (71,85%) e o mancozebe (49,17%) mostraram uma inibição significativa do crescimento a 2000 ppm de *Fusarium* sp. Isto apoia a presente descoberta. Singh *et al.* (2000) e Bhaskar *et al.* (2005) registaram o mancozebe como efeito fungistático contra *Fusarium solani.*

Foram testadas cinco misturas de fungicidas nas concentrações de 1000, 1500, 2000 e 3000 ppm para a inibição do crescimento micelial de *F. solani.* Os resultados revelaram que o fungicida sistémico carbendazim provou ser o mais eficaz na inibição do crescimento do fungo testado, mesmo na concentração mais baixa (1000 ppm) e com o ingrediente ativo mais baixo no caso do Saff (12 wp), com o índice de toxicidade mais elevado em todas as combinações que contêm carbendazim. As combinações de carbendazime 50 wp + mancozebe 75 wp, carbendazime 50 wp + tirame 75 wp e carbendazime 50 wp + clortalonil 75 wp proporcionaram um controlo de crescimento do fungo testado de cem por cento, seguido de carbendazime 12 wp + mancozebe 63 wp (Saff), enquanto a inibição mínima do crescimento (41,34%) foi registada na combinação de cimoxanil 18 wp + mancozebe 64 wp. O carbendazim foi um dos compostos em três combinações que se revelou melhor na presente descoberta. Assim, nestas combinações, a eficácia pode dever-se ao carbendazime.

Estes resultados estão de acordo com os resultados de Chavan *et al.* (2009), que registaram que mancozeb + carbendazim eram altamente tóxicos para *F. solani* e inibiam completamente o crescimento dos micélios. Amipara (2008) registou que as combinações de fungicidas viz, carbendazim + mancozeb, carbendazim + thiram a 500 ppm inibiram completamente o crescimento de *Fusarium* sp. e Sugha *et al.* (1995), verificaram que o carbendazime (50 WP e 25 SD) e o tirame, isoladamente ou em combinação, eram altamente eficazes na inibição do crescimento micelial de *Fusarium* sp. Poddar *et al.* (2004), observaram que o carbendazime era o fungicida mais eficaz contra *Fusarium oxysporum* f.sp. *ciceri*.

No que se refere ao desempenho global dos fungicidas, nos fungicidas sistémicos, o carbendazime foi considerado o mais eficaz, mesmo na concentração mais baixa, e o tifanato-metilo foi o mais eficaz a seguir ao carbendazime; nos fungicidas não sistémicos, o tirame foi considerado o mais eficaz, seguido do clortalonil, em condições *in vitro*.

Foi avaliado o efeito de diferentes extractos orgânicos no crescimento micelial do fungo testado a 5, 10 e 15 por cento de concentração. Entre os seis extractos testados, a inibição máxima foi encontrada no bagaço de óleo de mostarda (65,94%). O próximo melhor na ordem de mérito foi o bolo de neem (56,29%). A menor inibição foi encontrada na torta de mamona (22,31%). Os resultados da presente investigação foram favoráveis ao trabalho realizado por Yelmame *et al.* (2010), que relataram que a torta de nim e a torta de mostarda foram mais eficazes na inibição do crescimento de *F. solani.* A torta de mostarda também reduziu a população de patógenos e o índice de doença de *F. oxysporum* f.sp. *lycopersici* (Harender Raj e Kapoor 1996). Kelaiya (1998) também observou a eficácia da torta de amendoim e da torta de mostarda na murcha do pimentão causada por *F. solani.*

Srivastava e Singh (1991) relataram que (>40 por cento) os danos causados por *F.solani* foram reduzidos por neem ou bolo de mostarda.

A ação antagonista de seis espécies fúngicas foi avaliada contra o fungo testado através da técnica de cultura dupla e foram consideradas eficazes. Entre estes antagonistas, *T. viride* foi o mais eficaz e proporcionou uma inibição de 70,00% do crescimento do fungo testado. Seguiu-se o *T. harzianum-* I com 66,63% de inibição do crescimento. Resultados semelhantes foram registados por Gurjar *et al.* (2004), Joshi e Raut (2005) e Chakraborty e Chatterjee (2008). Relataram que *T. viride* mostrou uma forte atividade antagonista em relação a *F. solani* num estudo *in vitro*. De acordo com Chakraborty e Chatterjee (2008), Joshi e Raut (2005) e Patil (2000) também mostraram uma forte atividade antagonista de *T. harzianum* em relação a *F. solani* em estudo *in vitro*.

Foi avaliado o efeito de diferentes fitoextratos no crescimento micelial do fungo testado em concentrações de 3, 5 e 10 por cento. Entre os oito extractos testados, foi encontrada uma inibição máxima (40,62%) no caso do extrato de dente de alho a 10%. Seguiu-se o extrato de folhas de neem a uma concentração de 10%. Os extractos de gengibre, cebola, tulsi, pinhão manso e ardusi foram considerados inferiores. Os resultados da presente investigação foram favoráveis ao trabalho efectuado por Patel e Vala, (2004) e Chauhan (1997). Estes relataram uma forte inibição do crescimento de *F. solani* utilizando o extrato de dentes de alho. Obongoya (2010); Joseph *et al.* (2008); Singh e Chand (2004) e Mamatha e Ravishankar (2004) relataram que o extrato de neem foi eficaz na inibição do crescimento de *F. solani*. Mallesh *et al.* (2009) e Joseph *et al.* (2008) registaram que o extrato de cravo de alho e o extrato de folhas de nim foram considerados mais eficazes para a inibição do crescimento de *F. solani*.

Foi avaliado o efeito de agentes de biocontrolo e fungicidas na murchidão da malagueta causada por *F. solani*. A aplicação no solo de *T. viride* foi a mais eficaz na redução da murchidão da malagueta, tendo-se registado 62,22% e 83,33% de redução da doença e de plantas mortas, respetivamente. A aplicação de T. viride no solo foi a mais eficaz na redução da murchidão da malagueta, registando-se uma redução de 62,22% e 83,33% da doença e da morte das plantas, respetivamente.

Esses resultados confirmam os relatórios de Mallesh *et al.* (2009), que relataram que *T. viride* exibiu inibição máxima de *F. solani* e Pandey e Upadhyay (1999) observaram que *T. viride* foi mais eficaz e exibiu inibição máxima de *Fusarium udum*. Sharma *et al.* (1993) e Bhaskar *et al.* (2003) registaram a menor incidência da doença através da aplicação no solo de carbendazim contra *Fusarium solani*.

A malagueta *(Capsicum annum* L.) é uma importante cultura de especiarias e legumes da Índia. A Índia é um dos principais países produtores e os produtos de malagueta são exportados para Abu Dhabi, Austrália, Canadá, Japão, Reino Unido e E.U.A. Bengala Ocidental, Maharashtra e Gujarat são os principais estados de cultivo de malagueta. A área cultivada de malagueta em Gujarat é de 64 mil hectares e a produção é de 57 mil toneladas (Anon., 2006b). A murchidão da malagueta causada por *F. solani* é uma doença grave que provoca grandes perdas. A doença é observada de forma grave na região de Gondal. Tendo em conta a sua ocorrência regular e as perdas económicas, a doença foi selecionada para a presente investigação, com especial ênfase no teste *in vitro* de agroquímicos, extractos orgânicos, agentes de biocontrolo e fitoextratos. Foram também utilizados fungicidas selectivos e agentes de biocontrolo para o controlo em condições de vaso.

O exame microscópico e o isolamento de tecido da raiz da planta infetada produziram cultura de *Fusarium* sp., a doença apareceu desde a fase de plântula até à fase de maturidade. A doença foi caracterizada pelo amarelecimento e secagem das folhas e pontas do caule, seguido da morte imediata das plantas em poucos dias. Quando as raízes se abriam verticalmente, observava-se uma descoloração castanha escura.

Foram estudados os caracteres morfológicos e culturais do *Fusarium* sp. isolado, que foram considerados muito idênticos aos do *Fusarium solani*, o que também foi confirmado através da identificação pela Indian Type Culture Collection, I.A.R.I., Nova Deli (I.T.C.C. n.º 8181.11). O teste de patogenecidade foi efectuado pelo método de inoculação no solo no vaso. Este método produziu com sucesso sintomas típicos de murchidão semelhantes aos observados em condições naturais e descritos na literatura, confirmando a natureza patogénica do fungo. Assim, o agente causal da murchidão da malagueta foi identificado e confirmado como *Fusarium solani*.

Todos os sete fungicidas sistémicos (carbendazim, tifanato-metilo, carboxina, difenoconazol, tridemorfe, hexaconazol, tebuconazol) testados em condições *in vitro* foram significativamente superiores na inibição do crescimento do *F. solani* em diferentes concentrações (50, 100, 250, 500 ppm) em comparação com o controlo. Da mesma forma, os fungicidas não sistémicos testados (mancozeb, hidróxido de cobre, tirame, clorotalonil, zineb, enxofre molhável, dinocap) foram capazes de inibir o crescimento de em várias concentrações (1000, 1500, 2000, 2500 ppm) em comparação com o controlo. O tirame foi considerado o mais eficaz, seguido do clortalonil.

Foi avaliada a eficácia de cinco combinações diferentes de fungicidas para inibir o crescimento do fungo testado. As combinações de carbendazime 50 wp + mancozebe 75 wp, carbendazime 50 wp + tirame 75 wp e carbendazime 50 wp + clortalonil 75 wp proporcionaram um controlo de cem por cento do crescimento do fungo testado, seguido de carbendazime 12 wp + mancozebe 63 wp. Em todos os estudos de bioensaio fungicida, com o aumento da concentração, registou-se uma diminuição correspondente no crescimento do fungo.

Os extractos de diferentes produtos orgânicos foram testados contra *F. solani* através da técnica de alimentos envenenados *in vitro*. Registou-se um crescimento significativamente menor nos extractos de bagaço de mostarda, mostrando um excelente efeito inibitório sobre *F. solani*. O próximo melhor em ordem de mérito foi o bagaço de neem, seguido pelo bagaço de amendoim, FYM, estrume de aves de capoeira e bagaço de rícino.

Seis antagonistas fúngicos foram selecionados *in vitro* para a inibição do crescimento linear de *F. solani* através do método de cultura dupla. Todos os antagonistas fúngicos foram eficazes contra o fungo testado. Entre os antagonistas fúngicos, *T. viride* foi o mais eficaz na inibição do crescimento do fungo testado. O segundo melhor foi *T. harzianum-1*, seguido por *T. harzianum-* II, *T. harzianum-* III, *T. hamatum* e *T. virens*.

Sete fitoextratos de plantas indígenas foram avaliados *in vitro* contra *F. solani* utilizando a técnica de alimentos envenenados. Registou-se um crescimento micelial significativamente menor no extrato de alho, que foi considerado superior aos restantes. O extrato de neem foi o seguinte, seguido do gengibre, tulsi, cebola, pinhão-manso e ardusi.

Foi avaliado o efeito de agentes de biocontrolo e fungicidas na murchidão da malagueta causada por *F. solani*. A maior redução da incidência da doença e das plantas mortas foi registada no tratamento com *T. viride*. O tratamento com carbendazim foi equivalente ao tratamento com *T. harzianum I,* tifanato-metilo, *T. hamatum* e carboxina.

REFERÊNCIAS

Amipara JD. 2008. Estudos físico-químicos e patológicos da malformação da manga na região de saurashtra. Tese de doutoramento apresentada à Universidade Agrícola de Junagadh, Junagadh.

Anónimo. 2006a. *Area and Production Statistics of Arecanut and Spices 2008.* Publicado por Directorate of Arecanut and Spices Development, Ministério da Agricultura, Governo da Índia, Kerala, Índia. pp.42.

Anónimo. 2006b. *Area and Production Statistics of Arecanut and Spices 2008.* Publicado por Directorate of Arecanut and Spices Development, Ministério da Agricultura, Governo da Índia, Kerala, Índia. pp.43.

Ansari MM. 1995. Controlo do míldio da bainha do arroz por extractos de plantas. *Indian Phytopath* 48: 268-270.

Arya PS e Saini SS. 1997. Estudos de variabilidade em variedades de pimento (*Capsicum* spp. L). *Indian JHort* 34: 415-421.

Bhaskar AV, Rahman MA, Rao SC, Sikender Ali e Rao KC. 2003. Eficácia de certos fungicidas na doença da podridão seca dos cormos (*Fusarium solani*) em colocasia. *Indian J Pl Prot* 31(2): 137-138.

Bhaskar AV, Rao KCS e Rahman MA. 2005. Ocorrência e gestão da doença da podridão seca dos cormos (*Fusarium solani*) em colocasia. *Annals Biology* 21(2): 221230.

Booth C. 1971. O Género *Fusarium.* Commomwelth Mycological Institute, Kewsurrey, pp. 237.

Butani DK. 1976. Pragas e doenças da malagueta e seu controlo. *Pesticidas* 10(8):38-41.

Chakraborty MR e Chatterjee NC. 2008. Controlo da murcha de fusarium de *Solanum melongena* por *Trichoderma* spp. *Biologiaplantarum* 52(3): 582-586.

Charati SN, Mali JB e Pawar NB. 1998. Bio-controlo da murcha de *Fusarium* do algodão por *Trichoderma* spp. *J Maharashtra Agric Univ* 23(3): 304-305.

Chauhan MU. 1997. Investigação sobre a murchidão da cabaça de garrafa causada por *F. solani (Mart.) Sacc.* Tese de mestrado (Agri.) apresentada à G.A.U., S.K. Nagar (Não publicada).

Chavan SS, Hegde YR e Prashanti SK. 2009. Management of wilt of pachouli caused by *Fusarium solani, JMycol Pl Pathol* 39(1)32-35.

Chudhary B. 1967. *Vegetables.* National Book Trust, Índia. Nova Deli. pp.63-69.

Chuup C e Shref AF. 1960. *Vegetables diseases and their control.* The Ronald Press Co., Nova Iorque. pp. 454-457.

Dayaram, Kumar M, Sharma S e Chaturvedi OP. 2004. Gestão da murcha de shisham *(Fusarium solani* f.sp. dalbergiae). *Indian J Agroforestry* 6(2): 67-69.

Dwivedi BP e Shukla DN. 2000. Efeito dos extractos de folhas de algumas plantas medicinais na germinação de esporos de algumas espécies *de Fusarium. Karnataka JAgric Sci* 13(1): 153154.

Erwin DC. 1958. *Fusarium literitium, F. ciceri* incitant of Fusarium wilt of *Cicer arietinum. Fitopatologia* 18:498-501.

Gaikwad SJ e Sen B. 1987. Controlo químico da murcha de cucurbitáceas causada por *Fusarium oxysporum* Schlecht. *VegSci* 14 (1):83-91.

Gangopadhyay S. 1984. *Advance in vegetable disease:* S.K.Dutta, Associated Publishing Co., Nova Deli, pp:1-5.

***Gonzalez PE, Yanez-Morales MJ, Santiago-Santiago V e Montero-Pineda A.** 2004. Biodiversidade de fungos na murchidão do pimento e alguns factores relacionados em Tlacotepec de Jose Manzo, EI Verde, Puebla. *Agrociencia-Montecillo* 38(6):653-661.

Govindswami CV. 1964. Estudos sobre a doença da podridão radicular das plantas de ovos, malagueta e tomate nos Estados de Madras. *J Madras Uni* pp.203-230.

Grewel JS, Pal M e Kulshrestha DD. 1974. Um novo registo de murchidão de gramíneas causada por *F. solani. Curr Sci* 43:767.

Gurjar KL, Singh SD e Raval P. 2004. Management of seed borne pathogen of okra with bio-agents. *Pl Dis Res* 19(1):44-46.

Harinder Raj e Kapoor IJ. 1996. Effect of oil cakes amendments of soil on tomato wilt cased by *F. oxysporum* f.sp. *lycopersici. Indian Phytopath* 49(4): 355-361.

Hasmi MH. 1989. Mycoflora de *Capsicum annum* transmitida por sementes. *Pak JBot* 21:302-308.

Jha PK e Jalali BL. 2006. Biocontrolo da podridão radicular da ervilha provocada por *Fusarium solani* f. sp. *pisi* com micoflora da rizosfera. *Indian Phytopath* 59(1): 41-43.

Joseph B, Muzafar AD e Kumar V. 2008. Bioeficácia de extractos de plantas para controlar *Fusarium solani* f. sp. *Melongenae* incitante de Brinjal Wilt. *Global J Biotech & Biochem* 3(2): 56-59.

Joshi V e Raut SP. 2005. Bio-agentes promissores na gestão de *Fusarium solani* que causa a murchidão das plântulas do cajueiro híbrido. *Annals of Pl Prot Sci* 13(1).

Joshi MC e Singh DP. 1975. Certain nutritional aspects of solanaceae family *Indian Hort* 20: 19-21.

Kamel AE, Moawad RO, Abdel Rheem A e Aly AA. 2007. Resposta de cultivares comerciais de algodão a *Fusarium solani. Plant Pathol J* 23(2): 62-69.

Kaur NP e Mukhopadhyay AN. 1992. Controlo integrado do "complexo da murchidão do grão-de-bico" por *Trichoderma* e métodos químicos na Índia. *Trop Pest Manag* 38(4): 372385.

Kelaiya DS. 1998. Estudo sobre a doença da murchidão da malagueta (Capsicum annum L.) causada por *Fusarium solani.* Tese de Mestrado apresentada à Universidade Agrícola de Gujarat, Sardarkrushinagar.

Kore SS e Mashalkar SI. 1987. Doença da podridão seca da sapota causada por

Fusarium solani. J Maharashtra Agricultural Universities 12(3): 279-282.

***Liverseege JF.** 1932. *Adulteração e análise de alimentos e medicamentos. J.A.* churchilli, Londres, pp:60-65.

Liang LZ. 1990. *Fusarium* de sementes de malagueta e seu significado patogénico. *Ata phytopathologica sinica* 20(2): 117-121.

Lukacs J e Szarka J. 1988. Fusarium wilt of *Capsicum.* Zoldsegtermesztesi kutato Intez Bulleting. 21: 95-99.

Mamatha T e Ravishankar RV. 2004. Avaliação de fungicidas e extractos de plantas contra a praga foliar *de Fusarium solani* em *Terminalia catappa, J Mycol Pl Pathol* 34(2): 306-307.

Mallesh SB, Narendrappa T e Kumari. 2009. Management of Root Rot of Sage *(Salvia officinallis)* caused by *Fusarium solani* and *Rhizoctonia solani. Inte J Pl Prot* 2 (2): 261-264.

Mallesh SB, Narendrappa T e Satish D. 2008. Avaliação de diferentes fungicidas e extractos de plantas contra *Fusarium solani* e *Rhizoctonia solani*, o agente causal da podridão radicular da salva *(Salvia officinalis Linn). Inte J Pl Sci* 3(1): 82-86.

Ma-Liping, Qiao-XiongWu, Gao-Fen e Hao-BianQing. 2001. Controlo da murcha *de Fusarium* do pimento doce com extrato de composto e o seu mecanismo. *Chinese J Applied and Envirn Biol* 7(1):84-87.

Martyn RD e Stack JP 1990. Biological control of soil borne plant pathogen by antagonistic fungi. *Laboratory Exercises in Plant Pathology* (Ed. A.B.A.M. Baudoin). Editora científica, Jodhpur. pp. 64-74.

***Mathur K e Gurjar RBS.** 2002. Avaliação de diferentes antagonistas fúngicos, extractos de plantas e bolos de óleo contra *Rhizoctonia solani* que provoca o apodrecimento do caule da malagueta. *Ann Pl Prot Sci* 10(2):319-322.

***Mushtaq M e Hasmi MH.** 1997. Fungos associados à doença da murchidão do pimento em Sindh, Paquistão. *Pakistan JBot* 29(2):217-222.

Naik MK, Madhukar HM e Devika Rani GS. 2007. Avaliação de fungicidas contra *Fusarium solani,* o agente causal da murchidão da malagueta. *Veg Sci* 34(2):173- 176.

Obongoya BO, wagai SO e Odhiambo G. 2010. Efeito fitotóxico de extractos brutos de plantas selecionados em fungos do solo do feijão comum, *Africa Crop Sci Journal* 18(1):15-22.

Padmodaya B. 2003. Efeito das alterações do solo em diferentes concentrações e período de incubação da decomposição contra a murcha de *Fusarium* do tomate. *J Mycol Pl Pathol* 33(2): 317-319.

Pandav FJ. 2002. Investigation on wilt *[Fusarium solani* (Mart) Sacc] on cowpea [*Vigna unguiculata* (L.) Walp] under south Gujarat condition. Tese de mestrado apresentada à Universidade Agrícola de Gujarat, Sardarkrushinagar.

Pandey KK e Upadhyay JP. 1999. Estudo comparativo da abordagem química, biológica e integrada para a gestão da murchidão de Fusarium do feijão-frade. *J Mycol Pl Pathol* 29(2): 214-216.

Patel NN e Vala DG. 2004. Avaliação de fitoextratos contra o crescimento de *Fusarium solani. Pl Dis Res* 19(2):204.

Patel NN. 1987. Estudos sobre a murchidão *(Fusarium solani)* do quiabeiro nas condições do Sul de Gujarat. Tese de Mestrado (Agri.) apresentada à G.A.U., S.K.Nagar (Não publicada).

***Paternotte SJ.** 1987. Patogenecidade de *Fusarium solani* f.sp. *cucurbitae* raça 1 para courgette. *Netherland J Pl Patho* 9 (6): 245-252.

Patil SA, Parakhia AM e Akbari LF. 2001. Gestão da podridão radicular *(Fusarium solani)* do algodão. *GAU Res J* 26(2): 44-49.

Parvu M, Selegean M, Preoteasa V e Dogaru, M. 1999/2000. Ação *in vitro* de fungicidas sistémicos contra o fungo *Fusarium oxysporum* isolado de *Cereus* spp. *Contributii Botanice* 35(1): 151-155.

Paul WB. 1999. Malaguetas - Uma dádiva de Deus ardente. *Hort Sci* 34(5): 809-811.

***Perez ML, Duran-Ortiz LJ e Sanchez-Pale JR.** 2002. Identificação dos fungos que causam a "murchidão do pimento" na região de Bajio. *Actas da 16.a Conferência Internacionalth , Tampico, Tamulipas, México* 1:10-12.

Poddar RK, Singh DV e Dubey SC. 2004. Gestão da murchidão do grão-de-bico através da combinação de fungicidas e bioagentes. *Indian J Phytopath* 57(1): 39-43.

Rai N e Yadav DS. 2005. *Advances in vegetables production.* Research Book Centre, Nova Deli, pp.441-464.

Sahi IF e Khalid AN. 2007. Controlo biológico *in vitro* de *Fusarium oxysporum* que causa a murchidão em *Capsicum annuum. Mycopath* 5(2): 85-88.

Sahni ML, Singh RP e Singh R. 1967. Eficácia de alguns novos fungicidas no controlo do amortecimento da malagueta. *Indian Phytopath* 20: 114-117.

Sharma IM, Badiyala SD e Sharma NK. 1993. Efeito da aplicação de fungicidas contra a murchidão das plântulas de manga causada por *Fusarium solani* (Mart.) Sacc. *Indian JMycol Pl Pathol* 23(3): 326-327.

Sharma SK. 1999. Bacterial and fungal diseases of chillies and bell pepper. Em *"Diseases of Horticulture crops - vegetables, ornamentals and mushrooms"* (Ed. V.R.Verma and R.C. Sharma) Indus Publ. Co., New Delhi, pp.399-400.

Shref F e Macnab A. 1986. Vegetable diseases and their control. Pub. John Wiley and Sons, Nova Iorque. pp.730.

Shahida P, Ehtenshamul HS e Ghaffar A. 1994. Controlo biológico de fungos que infectam as raízes do tomateiro e do quiabeiro. *Pakistan JBot* 26(1): 181-186.

Sinclair JB e Dhingra OD. 1985. *Basic Plant Pathology Methods.* CRC Press, Inc., Corporate Buld, M. W. Boca Raton, Florida, pp.:. Corporate Buld, M. W. Boca Raton, Florida, pp: 232-315.

Singh BK, Singh P, Vaish CP e Katiyar RP. 1996. Effect of various fungicides on viability of onion *(Allium cepa* L.) seed in storage. *Seed Res* 24(1): 61-63.

Singh DK e Jha MM. 2003. Efeito do tratamento fungicida contra a murchidão do grão-de-bico. *J Appl Bio* 13(1/2): 41-45.

Singh GP e Khare KB. 1977. Fusarium wilt uma nova doença de *Trichoranthus dioica* de Varanasi. *Indian Phytopath* 30 (3):266-267.

Singh NI, Devi RKT e Devi PP. 2000. Effect of fungicides on growth and sporulation of *Fusarium solani. Indian Phytopath* 53(3): 327-328.

Sugha SK, Kapoor SK e Singh BM. 1995. Gestão da murchidão do grão-de-bico com fungicidas. *Indian Phytopath* 48(1):27-31.

Srivastava AK e Singh RB. 1991. Utilização de emendas orgânicas, *F. solani* e *M. incognita* em *Phaseolus vulgaris. New Agriculturist* 2(1): 63-34.

***Tosi L, Buonaurio R e Guiderdone SM.** 2000. Murchidão do pimento causada por *Fusarium solani* na Itália Central. *Atti Giornate fitopatologiche Perugia* 2:305-306.

Verma LR e Sharma RC. 1999. Doenças das culturas hortícolas. (Produtos hortícolas, ornamentais e cogumelos). Indus. Publ. Co., New Delhi. pp 4-5.

Vettraino AM, Shresha GP e Vannini A. 2009. Primeiro relatório de *Fusarium solani* wilt of *olea europaea* no Nepal. *Pl Dis* 93: 200.

Vidhyasekaran P e Thiagarajan CP. 1981. Transmissão de *Fusarium oxysporum* através de sementes em malagueta. *Indian Phytopath* 34(2): 211-213.

Vincent JM. 1947. Distorção de hifas fúngicas na presença de um determinado inibidor. *Nature,* pp. 159-16.

Xiao Ye, Yi TuYong, Wei Lin e Li XiaoJuan. 2007. Estudo sobre o antagonismo de *Trichoderma* a agentes patogénicos fúngicos. *J Hunan Agric Univ* 31(1): 72-75.

***Yan SH, Lu DQ e Yang YH.** 1999. Controlo da murchidão do pimento com *Trichoderma harzianum* ricebran. *Chinese J Biol Control* 15 (2):97.

Yehia AH e El-Hassan SA. 1982. Estudos sobre a doença da podridão radicular das favas no Iraque. *Egyptian J Phytopath* 14:1-2, 51-57.

Yelmame MG, Mehta BP, Deshmukh AJ e Patil VA. 2010. Avaliação de alguns extractos orgânicos in *vitro* para controlar *Fusarium solani* que causa a murcha da malagueta. *Inte J Pharma e Bio Sci* 1(2)1-4.

***Original não visto**

Printed by Books on Demand GmbH, Norderstedt / Germany